全国高等职业教育"十二五"规划教材
中国电子教育学会推荐教材
全国高等职业院校规划教材·精品与示范系列

# 数字电子技术实践

王小娟 主 编
晏文靖 副主编

电子工业出版社
Publishing House of Electronics Industry
北京·BEIJING

## 内 容 简 介

本书根据教育部最新的职业教育教学改革要求，在课程组老师多年的课程改革基础上进行经验总结和内容优化后进行编写。本书以数字逻辑电路设计、电路制作、电路测试与调试等能力为基本目标，紧紧围绕工作任务来选择和组织课程内容，主要包含 6 个项目：组合逻辑电路的功能测试与设计、编码器与译码器的功能测试与应用、触发器的功能测试与应用、计数器电路设计、可编程逻辑电路设计、A/D 与 D/A 转换器功能测试。在每个项目的学习过程中，都是先简单、后复杂，先逻辑功能测试、后集成电路应用，先单元电路、后总体电路，先任务、后项目。全书内容丰富全面，实用性很强，易于安排教学。

本书为高等职业本专科院校电子信息类、通信类、计算机类、自动化类、机电类等专业的教材，也可作为开放大学、成人教育、自学考试、中职学校和培训班的教材，以及电子工程技术人员的参考书。

本书配有电子教学课件、习题参考答案等，详见前言。

未经许可，不得以任何方式复制或抄袭本书之部分或全部内容。
版权所有，侵权必究。

**图书在版编目（CIP）数据**

数字电子技术实践 / 王小娟主编．—北京：电子工业出版社，2015.6
全国高等职业院校规划教材·精品与示范系列
ISBN 978-7-121-25064-4

Ⅰ．①数… Ⅱ．①王… Ⅲ．①数字电路－电子技术－高等职业教育－教材 Ⅳ．①TN79

中国版本图书馆 CIP 数据核字（2014）第 286346 号

策划编辑：陈健德（E-mail：chenjd@phei.com.cn）
责任编辑：桑 昀
印　　刷：北京捷迅佳彩印刷有限公司
装　　订：北京捷迅佳彩印刷有限公司
出版发行：电子工业出版社
　　　　　北京市海淀区万寿路 173 信箱　邮编 100036
开　　本：787×1 092　1/16　印张：14　字数：362 千字
版　　次：2015 年 6 月第 1 版
印　　次：2020 年 1 月第 2 次印刷
定　　价：35.00 元

凡所购买电子工业出版社图书有缺损问题，请向购买书店调换。若书店售缺，请与本社发行部联系，联系及邮购电话：（010）88254888，88258888。
质量投诉请发邮件至 zlts@phei.com.cn，盗版侵权举报请发邮件至 dbqq@phei.com.cn。
本书咨询联系方式：chenjd@phei.com.cn。

# 前言

"数字电子技术"是高等职业院校电子信息类等专业的一门专业基础课,随着近年来不断深入开展新的职业教育教学改革,我们采用教学做一体化的教学模式,以工作任务引领的方式,打破原有的教育理论体系,重点体现"以能力为本位,以职业实践为主线"的教学思想,将项目化教学模式引入到本课程的教学实践中并取得了良好效果,使本课程的基本理论与应用性很强的实践技能成为许多后续课程的基础。

本书是在课程组老师多年的课程改革基础上通过经验总结和内容优化后进行编写的。全书将各个知识点融入完成工作任务所必备的模块中,使学生在完成不同模块任务的同时,掌握必要的基本理论知识,并不断提高职业技能、分析问题和解决问题的能力。全书以数字逻辑电路设计、电路制作、电路测试与调试等能力为基本目标,紧紧围绕工作任务来选择和组织课程内容,以工作任务为主线,以完成工作任务为目标,将相关知识点分解在各个任务中,强调工作任务和知识的联系,使学生在职业实践活动的基础上掌握知识,从而增强课程内容与职业岗位能力要求的相关性,培养学生的职业素质。

本书内容按照循序渐进地学习项目的过程进行编排,主要包含 6 个项目:组合逻辑电路的功能测试与设计,阐述逻辑代数的基本知识及组合逻辑电路分析与设计的基本方法;编码器与译码器的功能测试与应用,介绍组合逻辑电路中常用中规模集成电路编码器、译码器的逻辑功能和使用方法;触发器的功能测试与应用,介绍具有记忆功能的数字存储单元电路的使用方法;计数器电路设计,介绍计数器的应用;可编程逻辑电路设计,介绍 FPGA、CPLD 的基本知识及如何用 FPGA 器件设计简单数字电路的基本方法;A/D 与 D/A 转换器功能测试,融入 A/D、D/A 转换器件的基本知识。在每个项目的学习过程中,都是先简单、后复杂,先逻辑功能测试、后集成电路应用,先单元电路、后总体电路,先任务、后项目。在每个项目完成过程中开展师生互动性学习,做到"读、做、想、学"等,以期达到最佳教学效果。

本书由王小娟老师担任主编,晏文靖老师担任副主编,张淑骅、冒莉、陈和娟老师参加编写。在本书的编写过程中得到合作企业技术人员及学校实验实训室老师的大力支持和帮助,在此表示衷心感谢!

由于编者水平有限,加上时间仓促,书中疏漏及错误之处在所难免,恳请广大师生批评指正。

为方便教学,本书配有免费的电子教学课件、习题参考答案,请有需要的教师登录华信教育资源网(http://www.hxedu.com.cn)免费注册后进行下载,如有问题请在网站留言或与电子工业出版社联系(E-mail: hxedu@phei.com.cn)。

编　者

# 目 录

**项目 1　组合逻辑电路的功能测试与设计** ……………………………………………… (1)
　1.1　数制与码制 ……………………………………………………………………… (2)
　　1.1.1　数制 ………………………………………………………………………… (2)
　　1.1.2　码制 ………………………………………………………………………… (6)
　　思考题 1-1 ………………………………………………………………………… (10)
　1.2　基本逻辑关系的认识 …………………………………………………………… (10)
　　1.2.1　基本逻辑事件的表示方法 ………………………………………………… (10)
　　1.2.2　逻辑函数的基本公式和常用公式 ………………………………………… (13)
　　1.2.3　逻辑函数的表示方法 ……………………………………………………… (16)
　1.3　逻辑函数的化简 ………………………………………………………………… (17)
　　1.3.1　逻辑函数的公式化简法 …………………………………………………… (17)
　　1.3.2　逻辑函数的卡诺图化简法 ………………………………………………… (18)
　　思考题 1-2 ………………………………………………………………………… (24)
　1.4　集成逻辑门电路 ………………………………………………………………… (24)
　　1.4.1　基本逻辑与基本逻辑门电路功能 ………………………………………… (24)
　　1.4.2　常用的集成逻辑门电路系列 ……………………………………………… (27)
　1.5　组合逻辑电路设计 ……………………………………………………………… (37)
　　思考题 1-3 ………………………………………………………………………… (38)
　任务 1-1　集成逻辑门电路 74LS04 的测试 ……………………………………… (38)
　任务 1-2　集成逻辑门电路 74LS00 的测试 ……………………………………… (39)
　任务 1-3　三人表决器逻辑电路设计 ……………………………………………… (41)
　　思考题 1-4 ………………………………………………………………………… (43)
　练习题 1 ……………………………………………………………………………… (43)

**项目 2　编码器与译码器的功能测试与应用** …………………………………………… (47)
　2.1　编码器及其应用 ………………………………………………………………… (48)
　　2.1.1　二进制编码器 ……………………………………………………………… (48)
　　2.1.2　二-十进制编码器 ………………………………………………………… (49)
　　2.1.3　优先编码器 ………………………………………………………………… (50)
　　2.1.4　编码器的应用 ……………………………………………………………… (52)
　任务 2-1　优先编码器 74LS147 逻辑功能仿真 …………………………………… (53)
　任务 2-2　优先编码器 74LS147 逻辑功能测试 …………………………………… (54)
　　思考题 2-1 ………………………………………………………………………… (54)

## 2.2 译码器及其应用 (54)
### 2.2.1 二进制译码器 (55)
### 2.2.2 二-十进制译码器 (57)
### 2.2.3 显示译码器 (58)
### 2.2.4 译码器的应用 (60)

**任务 2-3** 译码器 74LS138 逻辑功能仿真 (62)

**任务 2-4** 译码器 74LS138 逻辑功能测试 (63)

**任务 2-5** LED 数码管与显示译码器功能测试 (64)

**练习题 2** (67)

# 项目 3 触发器的功能测试与应用 (68)
## 3.1 触发器及其特性 (69)
## 3.2 基本 RS 触发器 (69)
## 3.3 触发器的触发方式 (72)
### 3.3.1 电平控制触发 (72)
### 3.3.2 边沿控制触发 (73)
## 3.4 边沿触发器 (74)
### 3.4.1 边沿 JK 触发器 (74)
### 3.4.2 边沿 D 触发器 (76)
### 3.4.3 边沿 T 触发器 (78)
### 3.4.4 T′触发器 (78)
## 3.5 触发器的应用 (79)

**任务 3-1** 双 D 触发器 74LS74 逻辑功能测试及应用 (80)

**任务 3-2** 四路抢答器设计 (81)

思考题 3-1 (84)

**练习题 3** (84)

# 项目 4 计数器电路设计 (87)
## 4.1 计数器及其表示方法 (88)
### 4.1.1 计数器类型 (88)
### 4.1.2 计数器基本原理 (88)
### 4.1.3 集成计数器 (89)

**任务 4-1** 计数器 74LS161 逻辑功能仿真 (94)

**任务 4-2** 计数器 74LS161 逻辑功能测试 (95)

**任务 4-3** 计数器 74LS390 逻辑功能测试 (96)

思考题 4-1 (98)

## 4.2 任意进制计数器的实现 (98)
### 4.2.1 反馈清零法构成 $N$ 进制计数器 (98)
### 4.2.2 反馈置数法构成 $N$ 进制计数器 (100)
### 4.2.3 计数器的级联 (102)

任务4-4　十二进制计数器仿真 …………………………………………………(104)
　　任务4-5　十二进制计数器设计 …………………………………………………(104)
　　　　思考题4-2 ……………………………………………………………………(106)
　4.3　脉冲信号获取 ……………………………………………………………………(106)
　　　4.3.1　脉冲产生电路 …………………………………………………………(106)
　　　4.3.2　脉冲整形变换电路 ……………………………………………………(110)
　　任务4-6　数字钟秒脉冲信号设计 ………………………………………………(117)
　　任务4-7　数字钟电路设计 ………………………………………………………(119)
　　练习题4 ………………………………………………………………………………(123)

## 项目5　可编程逻辑电路设计 ……………………………………………………(125)
　5.1　可编程逻辑器件的结构性能与开发设计 ………………………………………(126)
　　　5.1.1　可编程逻辑器件（PLD）的分类与结构 ……………………………(126)
　　　5.1.2　EDA设计流程 …………………………………………………………(132)
　　　5.1.3　MAX+plusII设计流程与图形编辑 ……………………………………(134)
　　任务5-1　模12计数器图形文件设计与仿真 ……………………………………(140)
　　　　思考题5-1 ……………………………………………………………………(149)
　5.2　硬件描述语言VHDL设计 ………………………………………………………(149)
　　　5.2.1　VHDL语言的基本结构 ………………………………………………(149)
　　　5.2.2　VHDL语言的顺序语句 ………………………………………………(152)
　　　5.2.3　VHDL语言的并行语句 ………………………………………………(155)
　　任务5-2　4路选择器的VHDL设计 ……………………………………………(157)
　　任务5-3　4路二进制加法计数器的VHDL设计 ………………………………(164)
　　　　思考题5-2 ……………………………………………………………………(169)
　　任务5-4　基于FPGA的数字秒表设计 …………………………………………(169)
　　　　思考题5-3 ……………………………………………………………………(177)
　　练习题5 ………………………………………………………………………………(177)

## 项目6　A/D与D/A转换器功能测试 ……………………………………………(179)
　6.1　数模转换器（DAC） ……………………………………………………………(180)
　　　6.1.1　D/A转换原理 …………………………………………………………(180)
　　　6.1.2　D/A转换器的类型 ……………………………………………………(181)
　　　6.1.3　D/A转换器的性能指标 ………………………………………………(182)
　　　6.1.4　集成D/A转换器的功能与应用 ………………………………………(183)
　6.2　模数转换器（ADC） ……………………………………………………………(187)
　　　6.2.1　A/D转换原理 …………………………………………………………(187)
　　　6.2.2　A/D转换器的常用类型 ………………………………………………(189)
　　　6.2.3　A/D转换器的主要参数 ………………………………………………(191)

  6.2.4 集成 A/D 转换器的功能与使用 …………………………………………………（192）
  任务 6-1 集成 D/A 转换芯片 DAC0832 功能测试 ……………………………………（197）
  任务 6-2 集成 A/D 转换芯片 ADC0809 功能测试 ……………………………………（198）
  练习题 6 ……………………………………………………………………………………（199）

# 附录 A 数字电路器件型号命名方法 ………………………………………………（201）

# 附录 B 数字电路常用器件引脚图 …………………………………………………（203）

# 附录 C 常用逻辑门电路新旧逻辑符号对照表 ……………………………………（205）

# 附录 D 74 系列数字集成电路表 ……………………………………………………（206）

# 附录 E CMOS4000 系列数字集成电路表 …………………………………………（211）

# 参考文献 ……………………………………………………………………………………（215）

# 项目 1　组合逻辑电路的功能测试与设计

电子电路的工作信号分为两大类：一类是在时间和数值上都连续变化的信号，称为模拟信号，如正弦信号；另一类是在时间和数值上都是离散的信号，称为数字信号，如脉冲信号。用来传输或处理模拟信号的电路称为模拟电路；用来对数字信号进行处理、传输、存储、控制、加工、算术运算、逻辑运算的电子电路称为数字电路。

数字电路广泛应用于各个领域，数字电路又称逻辑电路，是研究输入与输出之间逻辑关系的学科。数字信号只有低电平和高电平两个取值，通常用"0"和"1"来表示。数字电路抗干扰能力强、可靠性高，同时通用性强、成本低、系列多，容易进行加密处理。

采用单元门电路可组成较复杂的逻辑应用电路，只要掌握逻辑电路应用的一般规律，弄清各类门电路的用法及特点，就能根据实际需要设计出满足要求的应用电路。本项目在介绍基本逻辑电路功能及测试的基础上，利用组合逻辑电路设计方法完成三人表决器设计。

## 1.1 数制与码制

在数字电路中，经常用到的计数进制有二进制、十进制和十六进制，这些不同进制表示不同数制。不同的数码不仅可以表示数量的大小，而且还可以表示不同事物或事物的不同状态，这些数码称为代码，编制代码时所遵循的规则称为码制。数制和码制是数字电路的基础。

### 1.1.1 数制

数制也称为计数方式。在生产实践中人们习惯于各种计数方法，其中最常用的是十进制。在数字电路中，通常用高、低电平来表示"1"和"0"信号，这就要求数字电路处理的数据用"0"和"1"这两个基本量来表示。因此，采用二进制计数方法更加方便和实用。此外，在数字电路中，为了读写和操作方便，还常使用八进制和十六进制计数方式，不同数制之间还可相互转换。

#### 1. 十进制数（Decimal）

十进制数是最经常、最广泛使用的一种计数制，它有如下的特点。
（1）有十个有效的数码：0~9。
（2）按照"逢十进一、借一当十"的规则计数。
（3）基数是 10。

对于任何一个十进制数 $N$，都可以展开写为

$$D = \sum_{i=-m}^{n-1} k_i \times 10^i$$

式中　　$n$——代表整数位数；

$m$——代表小数位数；

$k_i$（$-m \leqslant i \leqslant n-1$）——表示第 $i$ 位数码，它可以是 0，1，2，3，…，9 中的任意一个；

$10^i$——第 $i$ 位数码的权值。

**实例 1-1**　　$435.86 = 4 \times 10^2 + 3 \times 10^1 + 5 \times 10^0 + 8 \times 10^{-1} + 6 \times 10^{-2}$

上述十进制数的表示方法也可以推广到任意进制数。对于一个基数为 $N$（$N \geqslant 2$）的 $N$ 进制计数制，可以写为

$$D = \sum_{i=-m}^{n-1} k_i N^i$$

式中　　$n$——代表整数位数；

$m$——代表小数位数；

$k_i$——第 $i$ 位数码，它可以是 0，1，…，（$N-1$）个不同数码中的任何一个；

$N^i$——第 $i$ 位数码的权值。

#### 2. 二进制数（Binary）

数字设备（例如计算机）中经常使用的是二进制数，它有如下的特点。

(1) 仅有两个有效的数码：0、1。
(2) 按照"逢二进一、借一当二"的规则计数。
(3) 基数是2。

对于任何一个二进制数，可表示为

$$D = \sum_{i=-m}^{n-1} k_i 2^i$$

**实例 1-2**   $(1011.011)_2 = 1\times 2^3 + 0\times 2^2 + 1\times 2^1 + 1\times 2^0 + 0\times 2^{-1} + 1\times 2^{-2} + 1\times 2^{-3}$
$= (11.375)_{10}$

可见，一个数若用二进制数表示要比相应的十进制数的位数长得多，但采用二进制数却有以下优点。

(1) 因为它只有0、1两个数码，在数字电路中利用一个具有两个稳定状态且能相互转换的开关器件就可以表示一位二进制数，所以采用二进制数的电路容易实现且工作稳定可靠。
(2) 算术运算规则简单。

### 3. 八进制数（Octal）

八进制数的进位规则是"逢八进一"，其基数 $N=8$，采用的数码是 0，1，2，3，4，5，6，7，每位的权是8的幂。

任何一个八进制数也可以表示为

$$D = \sum_{i=-m}^{n-1} k_i 8^i$$

**实例 1-3**   $(376.4)_8 = 3\times 8^2 + 7\times 8^1 + 6\times 8^0 + 4\times 8^{-1}$
$= 3\times 64 + 7\times 8 + 6 + 0.5$
$= (254.5)_{10}$

### 4. 十六进制数（Hexadecimal）

十六进制数采用的16个数码为 0，1，2，…，9，A，B，C，D，E，F；符号A～F分别代表十进制数的10～15。进位规则是"逢十六进一"，基数 $N=16$，每位的权是16的幂。

任何一个十六进制数，也可以表示为

$$D = \sum_{i=-m}^{n-1} k_i 16^i$$

**实例 1-4**   $(3AB.11)_{16} = 3\times 16^2 + 10\times 16^1 + 11\times 16^0 + 1\times 16^{-1} + 1\times 16^{-2}$
$= (939.0664)_{10}$

### 5. 二进制数与十进制数之间的转换

1）二进制数转换成十进制数 ——按权展开法

二进制数转换成十进制数时，只要将二进制数按权展开，然后将各项数值按十进制数相加，便可得到等值的十进制数。

**实例 1-5**  $(10110.11)_2 = 1\times 2^4 + 0\times 2^3 + 1\times 2^2 + 1\times 2^1 + 0\times 2^0 + 1\times 2^{-1} + 1\times 2^{-2}$
$= (22.75)_{10}$

同理，若将任意进制数转换为十进制数，只需将数 $D$ 写成按权展开的多项式表示式，并按十进制数规则进行运算，便可求得相应的十进制数。

2）十进制数转换成二进制数

把十进制数转换成为二进制数分为整数部分和小数部分两部分进行。

（1）整数转换——除 2 取余法，逆序排列。

将一个十进制数连续除以 2，直至商为 0，每次除以 2 所得的余数的组合便是所求的二进制数。读数的顺序，最先取出的余数为二进制数的最低位，最后取出的余数为二进制数的最高位。

**注意**：转换成二进制的代码应逆序排列，即第一个余数为二进制数的最低位。

**实例 1-6**  将 $(57)_{10}$ 转换为二进制数。

**解**：

```
          余数
2 | 57 …… 1 = a_0
2 | 28 …… 0 = a_1
2 | 14 …… 0 = a_2
2 |  7 …… 1 = a_3
2 |  3 …… 1 = a_4
2 |  1 …… 1 = a_5
     0
```

$(57)_{10} = (111001)_2$

（2）小数转换——乘 2 取整法，顺序排列。

将十进制数的小数部分连续用 2 乘以该小数，取乘积的整数部分，直到乘积的小数部分为 0 或达到所需的精确度为止，然后把得到的各个整数按原顺序排列。第一个整数为最高位。

**实例 1-7**  将 $(0.724)_{10}$ 转换成二进制小数。

**解**：

```
      0.724
    ×     2         整数
      1.448 …… 1 = a_{-1}
      0.448
    ×     2
      0.896 …… 0 = a_{-2}
    ×     2
      1.792 …… 1 = a_{-3}
      0.792
    ×     2
      1.584 …… 1 = a_{-4}
```

```
    0.584
  ×    2
  ─────────
    1.168 …… 1=a₋₅
    0.168
  ×    2
  ─────────
    0.336 …… 0=a₋₆
  ×    2
  ─────────
    0.672 …… 0=a₋₇
  ×    2
  ─────────
    1.344 …… 1=a₋₈
```

$(0.724)_{10} = (0.1011\ 1001)_2$

**注意**：转换成二进制数的代码应顺序排列，即第一个整数为二进制的最高位。小数部分乘以 2 取整的过程，不一定能使最后乘积为 0，因此转换值存在误差。通常在二进制数小数的精度已达到预定的要求时，运算便可结束。

**实例 1-8**  把十进制数 $(143.812\ 5)_{10}$ 转换成为二进制数。

**解**：  整数部分                          小数部分

```
                  余数                           0.812 5
  2 │ 143  …… 1=a₀  最低位         ×     2         取整
  2 │  71  …… 1=a₁    ↑            1.625 0  …… 1=a₋₁    ↓
  2 │  35  …… 1=a₂    │            0.625 0              │
  2 │  17  …… 1=a₃   逆           ×     2              顺
  2 │   8  …… 0=a₄   序            1.250    …… 1=a₋₂   序
  2 │   4  …… 0=a₅   排            0.250               排
  2 │   2  …… 0=a₆   列           ×     2              列
  2 │   1  …… 1=a₇  最高位          0.50     …… 0=a₋₃    │
      0                           ×     2              ↓
                                   1.00     …… 1=a₋₄
```

$(143.812\ 5)_{10} = (10\ 001\ 111.110\ 1)_2$

同理，若将十进制数转换成任意 $N$ 进制数，则整数部分转换采用除 $N$ 取余，逆序排列；小数部分转换采用乘 $N$ 取整，顺序排列。

**6．二进制数与八进制数、十六进制数之间的相互转换**

八进制数和十六进制数的基数分别为 $8=2^3$，$16=2^4$，所以三位二进制数恰好相当一位八进制数，四位二进制数相当于一位十六进制数，它们之间的相互转换是很方便的。

（1）二进制数转换成八进制数的方法是从小数点开始，分别向左、向右，将二进制数按每三位一组分组（不足三位的补 0），然后写出每一组等值的八进制数。

**实例 1-9**  求 $(01\ 101\ 111\ 010.101\ 1)_2$ 的等值八进制数。

**解**：二进制数　001　101　111　010．101　100
　　　 八进制数　 1 　 5 　 7 　 2 ． 5 　 4

$(01\ 101\ 111\ 010.101\ 1)_2 = (1\ 572.54)_8$

（2）二进制数转换成十六进制数的方法和二进制数与八进制数的转换相似，从小数点开始分别向左、向右将二进制数按每四位一组分组（不足四位补 0），然后写出每一组等值的十六进制数。

**实例 1-10**　将$(1\ 101\ 101\ 011.101)_2$转换为十六进制数。
**解：**二进制数　　0011　0110　1011．1010
　　　十六进制数　　3　　6　　B．A
　　　$(1\ 101\ 101\ 011.101)_2 = (36B.A)_{16}$

（3）八进制数、十六进制数转换为二进制数的方法可以采用与前面相反的步骤，即只要按原来顺序将每一位八进制数（或十六进制数）用相应的三位（或四位）二进制数代替即可。

**实例 1-11**　分别求出$(375.46)_8$、$(678.A5)_{16}$的等值二进制数。
**解：**　　　　　3　　7　　5．　4　　6
　　二进制数　011　111　101．100　110
　　　　　　　6　　7　　8．　A　　5
　　二进制数　0110　0111　1000．1010　0101
$(375.46)_8 = (011\ 111\ 101.100\ 110)_2$
$(678.A5)_{16} = (011\ 001\ 111\ 000.101\ 001\ 01)_2$

### 1.1.2　码制

在二进制数字系统中，每一位数只能用 0 或 1 表示两个不同的信号。为了能用二进制数表示更多的信号，把若干个 0 和 1 按一定的规律编成"代码"，并赋予每个代码以固定的含义，这就称为"编码"。不同的数码不仅可以表示数量的大小，而且还可以表示不同事物或事物的不同状态，这些数码称为代码，编制代码时所遵循的规则称为码制。

**1．二-十进制编码（Binary Coded Decimal）**

在数字电路中，各种数据要转换为二进制代码才能进行处理，而人们习惯于使用十进制数，输入、输出仍采用十进制数，这样就产生了用 4 位二进制数表示 1 位十进制数的计数方法，这种用于表示十进制数的二进制代码称为二-十进制代码，用 4 位二进制码的 10 种组合表示十进制数 0～9，简称为 BCD 码。

BCD 码具有二进制数的形式以满足数字系统的要求，又具有十进制数的特点（只有十种数码状态有效）。因为 4 位二进制数有 16 种状态，而十进制数只需要 10 种，从 16 种状态中选择 10 种就有多种组合，这样就有多种编码。

**1）8421BCD 码**

8421BCD 码是最基本和最常用的 BCD 码，它和 4 位自然二进制码相似，这种码中的每一位的 1 都代表一个固定的数值，各位的权值为 8，4，2，1，所以把这种码称为 8421 码。由于 8421 码的每一位权是固定不变的，它属于恒权代码。和 4 位自然二进制码不同的是，

## 项目 1 组合逻辑电路的功能测试与设计

它只选用了 4 位二进制码中前 10 组代码，即用 0000～1001 分别代表它所对应的十进制数，余下的六组代码不用。

将十进制数转换成 8421 码的方法：将每一位十进制数用 4 位二进制代码表示，按位转换。
将 8421 码转换成十进制数的方法：将 8421 码每 4 位分为一组，每一组对应一位十进制数。

**实例 1-12** 将十进制数 $(57)_{10}$ 转换为 8421 码，将 8421 码 $(10\,010\,110)_{BCD}$ 转换为十进制数。

**解：** 十进制数　　　　5　　7
　　　8421 码　　　 0101　0111
　　　十进制数　　　　9　　6
　　　8421 码　　　 1001　0110
　　　$(57)_{10} = (01\,010\,111)_{8421BCD}$
　　　$(10\,010\,110)_{8421BCD} = (96)_{10}$

2）5421BCD 码和 2421BCD 码

5421BCD 码和 2421BCD 码均为有权 BCD 码，它们从高位到低位的权值分别为 5，4，2，1 和 2，4，2，1。

3）余三码

余三码是 8421BCD 码的每个码组加 3（0011）形成的。余三码也具有对 9 互补的特点，即它也是一种 9 的自补码，所以也常用于 BCD 码的运算电路中。

4）格雷码

格雷码没有固定的权值，并且相邻的两个代码之间仅有一位的状态不同，有人把这种特性称为单位间距特性。具有这种特性的编码称为单位间距码。这类编码可以从编码形式上杜绝瞬间状态的模糊现象，避免某些逻辑差错或者噪声。表 1-1 中列出了几种常见的 BCD 码。

表 1-1 几种常用的 BCD 码

| BCD 码<br>十进制 | 8421 码 | 2421 码 | 5421 码 | 余三码 | 格雷码 |
|---|---|---|---|---|---|
| 0 | 0000 | 0000 | 0000 | 0011 | 0000 |
| 1 | 0001 | 0001 | 0001 | 0100 | 0001 |
| 2 | 0010 | 0010 | 0010 | 0101 | 0011 |
| 3 | 0011 | 0011 | 0011 | 0110 | 0010 |
| 4 | 0100 | 0100 | 0100 | 0111 | 0110 |
| 5 | 0101 | 1011 | 1000 | 1000 | 0111 |
| 6 | 0110 | 1100 | 1001 | 1001 | 0101 |
| 7 | 0111 | 1101 | 1010 | 1010 | 0100 |
| 8 | 1000 | 1110 | 1011 | 1011 | 1100 |
| 9 | 1001 | 1111 | 1100 | 1100 | 1101 |

表中 2421 BCD 码的 10 个数码中，0 和 9、1 和 8、2 和 7、3 和 6、4 和 5 的代码的对应位恰好一个是 0 时，另一个就是 1。我们称 0 和 9、1 和 8 互为反码。因此 2421 BCD 码具有对 9 互补的特点，它是一种对 9 的自补代码（即只要对某一组代码各位取反就可以得到 9 的补码），在运算电路中使用比较方便。

#### 2. 字符编码

国际上通行的两种字符编码，一种是 ASCII 码，一种是 ISO 码。

在计算机中，所有的数据在存储和运算时都要使用二进制数表示（因为计算机用高电平和低电平分别表示 1 和 0），例如 a，b，c，d 这样的 52 个字母（包括大写）以及 0，1，2 等数字还有一些常用的符号（例如*、#、@等）在计算机中存储时也要使用二进制数来表示，而具体用哪些二进制数字表示哪个符号，当然每个人都可以约定自己的一套（这就是编码），而大家如果要想互相通信而不造成混乱，那么大家就必须使用相同的编码规则，于是美国有关的标准化组织就出台了所谓的 ASCII 编码，统一规定了上述常用符号用哪些二进制数来表示。

ASCII 码由 8 位（$b_8 \sim b_1$）二进制编码组成，第 8 位为奇偶校验位。$b_7 \sim b_1$ 有 $2^7 = 128$ 种码字，其中有 52 个大、小写英文字母，34 个控制符，0~9 共 10 个数字符，32 个标点符号及运算符，其编码表参见表 1-2。

表 1-2 ASCII 码

| $b_7b_6b_5$ <br> $b_4b_3b_2b_1$ | 000 | 001 | 010 | 011 | 100 | 101 | 110 | 111 |
| --- | --- | --- | --- | --- | --- | --- | --- | --- |
| 0000 | NUL | DLE | SP | 0 | @ | P | | p |
| 0001 | SOH | DC1 | ! | 1 | A | Q | a | q |
| 0010 | STX | DC2 | " | 2 | B | R | b | r |
| 0011 | ETX | DC3 | # | 3 | C | S | c | s |
| 0100 | EOT | DC4 | $ | 4 | D | T | d | t |
| 0101 | ENQ | NAK | % | 5 | E | U | e | u |
| 0110 | ACK | SYN | & | 6 | F | V | f | v |
| 0111 | BEL | ETB | ' | 7 | G | W | g | w |
| 1000 | BS | CAN | ( | 8 | H | X | h | x |
| 1001 | HT | EM | ) | 9 | I | Y | i | y |
| 1010 | LF | SUB | * | : | J | Z | j | z |
| 1011 | VT | ESC | + | ; | K | [ | k | { |
| 1100 | FF | FS | , | < | L | \ | l | \| |
| 1101 | CR | GS | - | = | M | ] | m | } |
| 1110 | SO | RS | . | > | N | ^ | n | ~ |
| 1111 | SI | US | / | ? | O | _ | o | DEL |

表 1-2 中控制字符的含义参见表 1-3。

## 项目1 组合逻辑电路的功能测试与设计

表 1-3 ASCII 编码字符的含义

| 字 符 | 含 义 | 字 符 | 含 义 | 字 符 | 含 义 |
|---|---|---|---|---|---|
| NUL | 空格,无效 | FF | 走纸控制 | CAN | 作废 |
| SOH | 标题开始 | CR | 回车 | EM | 纸尽 |
| STX | 正文开始 | SO | 移位输出 | SUB | 减 |
| ETX | 本文结束 | SI | 移位输入 | ESC | 换码 |
| EOT | 传输结束 | DLE | 数据键换码 | FS | 文字分隔符 |
| ENQ | 询问 | DC1 | 设备控制1 | GS | 组分隔符 |
| ACK | 承认 | DC2 | 设备控制2 | RS | 记录分隔符 |
| BEL | 报警符 | DC3 | 设备控制3 | US | 单元分隔符 |
| BS | 退一格 | DC4 | 设备控制4 | SP | 空间(空格) |
| HT | 横向列表 | NAK | 否定 | DEL | 作废 |
| LF | 换行 | SYN | 空转同步 | | |
| VT | 垂直列表 | ETB | 信息组交换结束 | | |

ISO 码是国际标准化组织编制的一组 8 位二进制代码,多用于信息传输和专用的数控设备,其中第 8 位为奇偶校验位。在它的 128 种码字中,只用其中的 56 个码字,包括 26 个英文字母、10 个数字、12 个符号、8 个控制符号,其编码参见表 1-4。

表 1-4 ISO 码

| $b_4b_3b_2b_1$ \ $b_7b_6b_5$ | 000 | 001 | 010 | 011 | 100 | 101 | 110 | 111 |
|---|---|---|---|---|---|---|---|---|
| 0000 | NUL | | SP | 0 | | P | | |
| 0001 | | | | 1 | A | Q | | |
| 0010 | | | | 2 | B | R | | |
| 0011 | | | | 3 | C | S | | |
| 0100 | | | $ | 4 | D | T | | |
| 0101 | | | % | 5 | E | U | | |
| 0110 | | | | 6 | F | V | | |
| 0111 | | | | 7 | G | W | | |
| 1000 | BS | | ( | 8 | H | X | | |
| 1001 | HT | EM | ) | 9 | I | Y | | |
| 1010 | LF | | * | : | J | Z | | |
| 1011 | | | + | | K | | | |
| 1100 | | | , | | L | | | |
| 1101 | CR | | - | = | M | | | |
| 1110 | | | . | | N | | | |
| 1111 | | | / | | O | | | DEL |

数字电子技术实践

**思考题 1-1**

（1）数字电路与模拟电路各自的特点？
（2）二进制数与十进制数之间的相互转换？
（3）二进制数与十六进制数之间的相互转换？
（4）8421BCD 码与二进制数的相互转换？

## 1.2 基本逻辑关系的认识

在实际应用中，会遇到各种复杂的逻辑控制电路，但它们都是由基本的逻辑关系组成的。在数字电路中，有一些基本的逻辑控制电路，反映了这些基本的逻辑关系（又称逻辑运算）。这些基本的逻辑运算是构成各种复杂逻辑电路的基础。熟悉和掌握逻辑函数的运算法则，将为分析和设计数字电路提供很多方便。

### 1.2.1 基本逻辑事件的表示方法

所谓逻辑，简单地说，就是表示事物的因果关系，即输入、输出之间变化的因果关系。参与逻辑运算的变量称为逻辑变量，用字母 A，B 表示。每个变量的取值非 0 即 1，0 和 1 不表示数的大小，而是代表两种不同的逻辑状态。下面分别讨论其中基本的逻辑关系。

**1. 非逻辑**

当决定一件事物的条件具备时，此事物不发生；而条件不具备时，此事物一定发生。这种因果关系，称为逻辑非或非运算。

如图 1-1（a）所示，当开关 A 合上时，灯 F 不亮；而当开关 A 打开时，灯 F 亮。也即当逻辑变量 A 的取值为 1 时，F 的值为 0；A 的取值为 0 时，F 的值为 1。可见，对灯 F 亮这件事情而言，与开关 A 是逻辑非的关系，并记作 $F=\overline{A}$，读作 F 等于 A 非，或者 F 等于 A 反，A 上面的一横就表示非或反。这种运算就称为逻辑非运算或逻辑反运算，简称为非运算或反运算。

假设开关断开和灯泡不亮用"0"表示，开关闭合和灯泡亮用"1"表示，得到如图 1-1（b）所示的真值表。

非的含义为：当条件不具备时，事件才发生。在逻辑电路中，把能实现非运算的基本单元称为非门，其逻辑符号如图 1-1（c）所示。

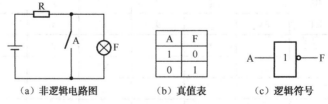

（a）非逻辑电路图　　（b）真值表　　（c）逻辑符号

图 1-1　非逻辑电路、真值表和逻辑符号

对逻辑变量 A 进行逻辑非运算的表达式为

$$F=\overline{A}$$

## 2. 与逻辑、与非逻辑

### 1) 与逻辑

如图 1-2（a）所示，只有当开关 A 和开关 B 都闭合时，灯 F 才会亮，也即当逻辑变量 A 和逻辑变量 B 的取值均为 1 时，F 的值才会为 1。可见，对灯 F 亮这件事情而言，与开关 A、开关 B 闭合是逻辑与的关系，并记作 F=A·B，读作 F 等于 A 与 B，把这种运算称为逻辑与运算，简称为与运算。与运算和算术运算中的乘法运算是一样的，所以有时又称为逻辑乘法运算，所以又可读作 F 等于 A 乘 B。为简化书写，可以将 A·B 简写为 AB，省略表示与或者乘的符号"·"。

用"1"表示开关接通，"1"表示灯亮，可得如图 1-2（b）所示的真值表。

与的含义是：只有当决定某一事件的所有条件全部具备时，这个事件才会发生。在逻辑电路中，把能实现与运算的基本单元称为与门，其逻辑符号如图 1-2（c）所示。

（a）与逻辑电路图　　（b）真值表　　（c）逻辑符号

图 1-2　与逻辑电路、真值表和逻辑符号

逻辑函数 F 与逻辑变量 A、B 的与运算表达式为

$$F=A·B$$

### 2) 与非逻辑

表达式 $F=\overline{AB}$ 称作逻辑变量 A、B 的与非，其真值表和逻辑符号如图 1-3 所示。

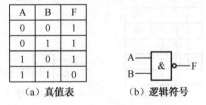

（a）真值表　　（b）逻辑符号

图 1-3　与非逻辑的真值表和逻辑符号

## 3. 或逻辑、或非逻辑

### 1) 或逻辑

决定事件的全部条件至少有一个满足时，事件就发生，把这种因果关系称为或逻辑关系。

如图 1-4（a）所示，当开关 A 或者开关 B 闭合时，灯 F 就会亮，也即当逻辑变量 A 或者 B 的取值为 1 时，F 的值就会为 1。可见，对灯 F 亮这件事情而言，与开关 A、开关 B 闭合是逻辑或的关系，并记作 F=A+B，读作 F 等于 A 或 B，把这种运算称为逻辑或运算，简称为或运算。或运算和算术运算中的加法运算是一样的，所以有时又称为逻辑加法运算，所以又可读作 F 等于 A 加 B。其真值表如图 1-4（b）所示。

或的含义是：只要有一个或一个以上的条件具备时，这个事件就发生。在逻辑电路中，把能实现或运算的基本单元称为或门，其逻辑符号如图1-4（c）所示。

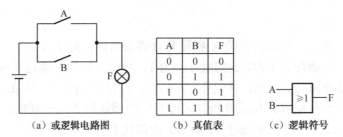

图1-4 或逻辑电路、真值表和逻辑符号

逻辑函数F与逻辑变量A、B的或运算表达式为

$$F=A+B$$

2）或非逻辑

表达式$F=\overline{A+B}$称作逻辑变量A、B的或非，其真值表和逻辑符号如图1-5所示。

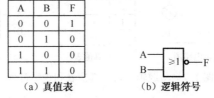

图1-5 或非逻辑的真值表和逻辑符号

### 4. 异或和同或逻辑

1）异或逻辑

逻辑表达式$F=\overline{A}B+A\overline{B}$表示A和B的异或运算，其真值表和逻辑符号如图1-6所示。

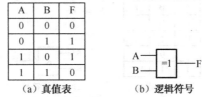

图1-6 异或逻辑的真值表和逻辑符号

从真值表中可以看出，异或运算的含义是：当输入变量相同时，输出为0；当输入变量不同时，输出为1。$F=\overline{A}B+A\overline{B}$又可表示为$F=A\oplus B$，符号"$\oplus$"读作异或。

2）同或逻辑

逻辑表达式$F=AB+\overline{A}\overline{B}$表示A和B的同或运算，其真值表和逻辑符号如图1-7所示。

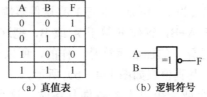

图1-7 同或逻辑的真值表和逻辑符号

## 项目1 组合逻辑电路的功能测试与设计

从真值表中可以看出,同或运算的含义是:当输入变量相同时,输出为 1;当输入变量不同时,输出为 0。$F=AB+\overline{A}\overline{B}$ 又可表示为 $F=A\odot B$,符号"$\odot$"读作同或。

通过图 1-6 和图 1-7 的真值表也可以看出,异或和同或互为非运算。

实际的逻辑问题往往十分复杂,但是它们可以通过基本逻辑关系的组合来实现,例如:

(1) $F=\overline{ABC}$ 为与非运算;

(2) $F=\overline{A+B+C}$ 为或非运算;

(3) $F=\overline{AB+CD}$ 为与或非运算;

(4) $F=A(B+C)+DEF$ 为复杂运算。

在复合逻辑运算中要特别注意运算的优先顺序,该优先顺序为:①圆括号;②非运算;③与运算;④或运算。

### 1.2.2 逻辑函数的基本公式和常用公式

分析研究各种逻辑事件、逻辑电路时,就必须借助逻辑代数这一数学工具。在逻辑代数中的变量称为逻辑变量,用字母 A,B,C,……表示。逻辑变量只有两种取值:真和假,一般用"1"表示真、"0"表示假。表达式 F=AB 等称为逻辑函数。掌握逻辑函数的运算是研究数字电路的基础。

**1. 基本公式**

表 1-5 给出了逻辑代数的基本公式。

表 1-5 逻辑代数的基本公式

| 序号 | 定律 | 公式 |
|---|---|---|
| 1 | 反运算 | $\overline{1}=0$ <br> $\overline{0}=1$ |
| 2 | 常量与变量的运算 | $0 \cdot A=0$ <br> $1+A=1$ <br> $1 \cdot A=A$ <br> $0+A=A$ |
| 3 | 重叠率 | $A \cdot A=A$ <br> $A+A=A$ |
| 4 | 互补率 | $A \cdot \overline{A}=0$ <br> $\overline{A}+A=1$ |
| 5 | 交换律 | $A \cdot B=B \cdot A$ <br> $A+B=B+A$ |
| 6 | 结合律 | $A \cdot (B \cdot C)=(A \cdot B) \cdot C$ <br> $A+(B+C)=(A+B)+C$ |
| 7 | 分配率 | $A \cdot (B+C)=A \cdot B+A \cdot C$    $A+B \cdot C=(A+B) \cdot (A+C)$ |
| 8 | 反演率 | $\overline{A \cdot B}=\overline{A}+\overline{B}$ <br> $\overline{A+B}=\overline{A} \cdot \overline{B}$ |
| 9 | 还原率 | $\overline{\overline{A}}=A$ |

公式的证明是非常容易的。最直接的方法是将各变量的各种可能取值逐一代入到等式中进行计算,列出其真值表。若等号两边的值相等,则等式成立,否则就不成立。下面以

公式分配率和反演率的证明为例，说明这种证明方法，其余公式自行证明。

**实例 1-13** 证明公式 $A+B \cdot C=(A+B)(A+C)$。

**解：** 将 A，B，C 所有可能的取值组合逐一代入到上式的两边进行计算，列出真值表参见表 1-6。由表可见，等式两边对应的真值表相同，故等式成立。

表 1-6 公式分配率的真值表

| A | B | C | B·C | A+B·C | A+B | A+C | (A+B)·(A+C) |
|---|---|---|---|---|---|---|---|
| 0 | 0 | 0 | 0 | 0 | 0 | 0 | 0 |
| 0 | 0 | 1 | 0 | 0 | 0 | 1 | 0 |
| 0 | 1 | 0 | 0 | 0 | 1 | 0 | 0 |
| 0 | 1 | 1 | 1 | 1 | 1 | 1 | 1 |
| 1 | 0 | 0 | 0 | 1 | 1 | 1 | 1 |
| 1 | 0 | 1 | 0 | 1 | 1 | 1 | 1 |
| 1 | 1 | 0 | 0 | 1 | 1 | 1 | 1 |
| 1 | 1 | 1 | 1 | 1 | 1 | 1 | 1 |

**实例 1-14** 证明公式 $\overline{A+B}=\overline{A} \cdot \overline{B}$。

**解：** 将变量 A，B 所有可能的取值逐一代入到上式进行计算，列出真值表参见表 1-7。由表可见，等式两边对应的真值表相同，故等式成立。

表 1-7 公式反演率的真值表

| A | B | A+B | $\overline{A+B}$ | $\overline{A}$ | $\overline{B}$ | $\overline{A} \cdot \overline{B}$ |
|---|---|---|---|---|---|---|
| 0 | 0 | 0 | 1 | 1 | 1 | 1 |
| 0 | 1 | 1 | 0 | 1 | 0 | 0 |
| 1 | 0 | 1 | 0 | 0 | 1 | 0 |
| 1 | 1 | 1 | 0 | 0 | 0 | 0 |

### 2. 常用公式

利用前面介绍的基本公式，可以导出一些比较常用公式。如表 1-8 所示列出了几个常用公式。灵活运用这些公式可以给逻辑函数的化简和变换带来很大方便。

表 1-8 常用公式

| 序　号 | 公　　式 |
|---|---|
| 1 | $A+A \cdot B=A$ |
| 2 | $A+\overline{A} \cdot B=A+B$ |
| 3 | $A \cdot B+A \cdot \overline{B}=A$ |
| 4 | $A \cdot (A+B)=A$ |

 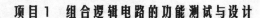

续表

| 序号 | 公式 |
|---|---|
| 5 | $A \cdot B + \bar{A} \cdot C + B \cdot C = A \cdot B + \bar{A} \cdot C$ <br> $A \cdot B + \bar{A} \cdot C + B \cdot C \cdot D = A \cdot B + \bar{A} \cdot C$ |
| 6 | $A \cdot \overline{A \cdot B} = A \cdot \bar{B}$ <br> $\bar{A} \cdot \overline{A \cdot B} = \bar{A}$ |

上述公式请自行证明。

**3. 逻辑代数的三个基本规则**

1）代入规则

在任何逻辑等式中，如果等式两边所有出现某一变量的地方，都代之以一个函数，若仍然保持等式成立，则这就是所谓的代入定理。

由于任何变量都仅有"0"和"1"两种可能状态，所以变量为 0 还是为 1 代入到逻辑等式中，等式都一定成立。而任何逻辑函数的取值也仅有 0 和 1 两种情况，所以用它取代等式中的同一变量时，等式仍然成立。因此，可以把代入定理看作无须证明的公理。

例如，已知 $\overline{A+B} = \bar{A} \cdot \bar{B}$，若以 (B+C) 代入到等式中 B 的位置，等式仍然成立，可得 $\overline{A+(B+C)} = \bar{A} \cdot \overline{(B+C)} = \bar{A} \cdot \bar{B} \cdot \bar{C}$。

2）反演规则

对于任意一个函数表达式 F，若将等式中所有的"·"换成"+"，"+"换成"·"，"0"换成"1"，"1"换成"0"，原变量换成反变量，反变量换成原变量，则得到的结果就是 F 的反函数，这个规律称作反演定理。

利用反演定理可以很容易地求出一个逻辑函数的反函数。在运用反演定理时要注意遵循以下两个规则：

（1）需遵守"先括号、后乘积、最后加"的运算优先顺序；

（2）不是一个变量上的非号应保持不变。

**实例 1-15** 已知 $F = A(B+C) + CD$，求 F 的反函数。

解：根据反演定理可知 $\bar{F} = (\bar{A} + \bar{B}\bar{C})(\bar{C} + \bar{D})$

$= \bar{A}\bar{C} + \bar{B}\bar{C} + \bar{A}\bar{D} + \bar{B}\bar{C}\bar{D}$

$= \bar{A}\bar{C} + \bar{B}\bar{C} + \bar{A}\bar{D}$

**实例 1-16** 已知 $F = A + \overline{B + \bar{C} + \overline{D + \bar{E}}}$，求 F 的反函数。

解：根据反演定理可知 $\bar{F} = \bar{A} \cdot \overline{\bar{B} \cdot \overline{C \cdot \bar{D} \cdot E}}$

3）对偶规则

对于任何一个逻辑函数表达式 F，若将等式中所有的"·"换成"+"，"+"换成"·"，"0"换成"1"，"1"换成"0"，则得到一个新的逻辑式 F'，这个 F'就称为 F 的对偶式。或者说 F 和 F'互为对偶式。

若两个逻辑式相等，则它们的对偶式也相等，这就是对偶定理。在有些情况下，为了证明两个逻辑式相等，可以通过证明它们的对偶式相等来完成，这样可以大大简化证明的过程。

例如，F=A·(B+C)，则对偶式 F'=A+BC。

### 1.2.3 逻辑函数的表示方法

逻辑函数的表示方法主要有：逻辑函数表达式、真值表、卡诺图、逻辑图。

#### 1. 逻辑函数表达式

用与、或、非等逻辑运算表示逻辑变量之间关系的代数式，称为逻辑函数表达式。例如，F=A+B，F=A+BC 等。

#### 2. 真值表

每一个逻辑变量均有 0、1 两种取值，$n$ 个变量共有 $2^n$ 种不同取值组合，将它们按顺序（一般按二进制递增规律）排列起来，并在相应的位置填入函数的值，即可得到逻辑函数的真值表。

**实例 1-17** 列出逻辑函数 F=AB+BC+AC 的真值表。

**解**：A，B，C 三个变量共有 8 种取值组合，将所有组合代入表达式 F=AB+BC+AC 中进行运算，并按照对应关系以表格的形式列写出来。得到表 1-9 所示的就是逻辑函数 F 的真值表。

表 1-9　实例 1-17 逻辑函数的真值表

| A | B | C | F |
|---|---|---|---|
| 0 | 0 | 0 | 0 |
| 0 | 0 | 1 | 0 |
| 0 | 1 | 0 | 0 |
| 0 | 1 | 1 | 1 |
| 1 | 0 | 0 | 0 |
| 1 | 0 | 1 | 1 |
| 1 | 1 | 0 | 1 |
| 1 | 1 | 1 | 1 |

#### 3. 卡诺图

卡诺图是真值表的一种方块图表达形式，其变量的取值必须按照循环码的顺序排列，与真值表有着严格的一一对应关系，因此卡诺图也称真值方格图。

#### 4. 逻辑图

由逻辑符号表示逻辑函数的图形称为逻辑电路图，简称逻辑图。例如：F=$\overline{AB}$+A$\overline{C}$ 的逻辑图如图 1-8 所示。

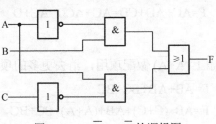

图 1-8　$F=\overline{A}B+A\overline{C}$ 的逻辑图

## 1.3　逻辑函数的化简

在数字电路中，用集成电路实现逻辑函数时，一般情况下要用到逻辑函数的最简表达式或某种简化形式。一个逻辑函数的表达式越简单，它所表示的逻辑关系就越明显，实现它的电路也就越简单，所用的元器件数就越少，同时可靠性也得到了提高。因此，通常需要通过一定的化简手段找出逻辑函数的最简形式。

在各种逻辑函数表达式中，最常用的是与或表达式，与或表达式就是用逻辑函数的原变量和反变量组合成多个逻辑乘积项，再将这些逻辑乘积项逻辑相加而成的表达式。所谓化简，一般是指化为最简的与或表达式。

判断与或表达式是否最简的条件是：

（1）逻辑乘积项最少；

（2）每个乘积项中变量最少。

化简逻辑函数的常用方法有两种：一种是公式化简法，它利用逻辑代数中的基本公式、常用公式和定理进行化简；另一种是卡诺图化简法，它利用逻辑函数的卡诺图中最小项的相邻性进行化简。

### 1.3.1　逻辑函数的公式化简法

公式化简法，就是利用逻辑代数的基本公式、常用公式和定理消去多余的乘积项和每个乘积项中多余的因子，以获得函数式的最简形式。逻辑函数的公式化简法经常用的方法有并项法、吸收法、消去法和配项法。

**1. 并项法**

利用公式 $A+\overline{A}=1$，可以将两项合并为一项，消去一个变量，例如：

$$F_1=\overline{A}BC+A\overline{C}+B\overline{C}=\overline{A}BC+\overline{ABC}=C$$
$$F_2=ABC+AB\overline{C}+\overline{A}B=AB+\overline{A}B=B$$

**2. 吸收法**

利用公式 $A+AB=A$，可以吸收掉多余的项。例如：

$$F=AB+A(C+D)B=AB$$

**3. 消去法**

利用公式 $A+\overline{A}B=A+B$，可以消去多余的项。例如：

$$F=AC+\overline{A}D+\overline{C}D=AC+\overline{AC}D=AC+D$$

#### 4. 配项法

利用公式 $B=B(A+\overline{A})$，添上 $(A+\overline{A})$ 做配项用，消去更多的项。例如：

$$F=\overline{A}B+A\overline{B}+\overline{B}C+B\overline{C}$$
$$F=\overline{A}B\cdot(C+\overline{C})+A\overline{B}+(A+\overline{A})\cdot\overline{B}C+B\overline{C}$$
$$=\overline{A}BC+\overline{A}B\overline{C}+A\overline{B}+A\overline{B}C+\overline{A}\overline{B}C+B\overline{C}$$
$$=(A\overline{B}+A\overline{B}C)+(\overline{B}C+\overline{A}\overline{B}C)+(\overline{A}BC+\overline{A}B\overline{C})$$
$$=A\overline{B}+\overline{B}C+\overline{A}C$$

**实例 1-18** 化简函数 $F=AD+A\overline{D}+AB+\overline{A}C+BD+ACEF+\overline{B}E+DEF$。

**解：**（1）利用并项法将 $AD+A\overline{D}$ 合并成 $A$，可得

$$F=A+AB+\overline{A}C+BD+ACEF+\overline{B}E+DEF$$

（2）吸收法：将 $A+AB+ACEF$ 合并成 $A$，可得

$$F=A+\overline{A}C+BD+\overline{B}E+DEF$$

（3）消去法：将 $A+\overline{A}C$ 合并成 $A+C$，可得

$$F=A+C+BD+\overline{B}E+DEF$$

（4）消项法：将 $BD+\overline{B}E+DEF$ 合并成 $BD+\overline{B}E$，可得

$$F=A+C+BD+\overline{B}E$$

### 1.3.2 逻辑函数的卡诺图化简法

卡诺图是用来化简逻辑函数的。由英国工程师 Karnaugh 首先提出，也称卡诺图为 K 图。卡诺图就是逻辑函数变量的最小项按一定规则排列起来，构成的正方形或矩形的方格图。图中分成若干个小方格，每个小方格填入一个最小项，按一定的规则把小方格中所有的最小项进行合并处理，就可得到简化的逻辑函数表达式，这就是卡诺图化简法。在介绍卡诺图之前，我们先来学习一下最小项的概念。

#### 1. 最小项和最小项表达式

对于 $n$ 变量的逻辑函数，若 $m$ 为包含 $n$ 个因子的乘积项，而且每一个变量都以原变量或反变量的形式在 $m$ 中出现且仅出现一次，则称 $m$ 是这 $n$ 个变量的一个最小项。对于 $n$ 变量的逻辑函数，由于每个变量都有原变量和反变量两种形式，所以共有 $2^n$ 个最小项。

例如：一个逻辑变量 A 有 2 个最小项：A 和 $\overline{A}$。

两个逻辑变量 A，B 有 4 个最小项：$\overline{A}\overline{B}$，$\overline{A}B$，$A\overline{B}$，$AB$。

三个逻辑变量 A，B，C 有 8 个最小项：$\overline{A}\overline{B}\overline{C}$，$\overline{A}\overline{B}C$，$\overline{A}B\overline{C}$，$\overline{A}BC$，$A\overline{B}\overline{C}$，$A\overline{B}C$，$AB\overline{C}$，$ABC$。

在 $n$ 变量的逻辑函数中，输入变量的任何取值都使一个对应的最小项的值等于 1。若把对应输入变量的取值看成一个二进制数，用这个二进制数所表示的十进制数来标记这个最小项，就可以得到这个最小项的编号。按照这种约定，可以得到三变量所有最小项的编号表，参见表 1-10。

# 项目 1 组合逻辑电路的功能测试与设计

表 1-10 三变量最小项的编号表

| 变量取值 | | | 值为1的最小项 | 对应的十进制数 | 编号 |
|---|---|---|---|---|---|
| A | B | C | | | |
| 0 | 0 | 0 | $\bar{A}\bar{B}\bar{C}$ | 0 | $m_0$ |
| 0 | 0 | 1 | $\bar{A}\bar{B}C$ | 1 | $m_1$ |
| 0 | 1 | 0 | $\bar{A}B\bar{C}$ | 2 | $m_2$ |
| 0 | 1 | 1 | $\bar{A}BC$ | 3 | $m_3$ |
| 1 | 0 | 0 | $A\bar{B}\bar{C}$ | 4 | $m_4$ |
| 1 | 0 | 1 | $A\bar{B}C$ | 5 | $m_5$ |
| 1 | 1 | 0 | $AB\bar{C}$ | 6 | $m_6$ |
| 1 | 1 | 1 | $ABC$ | 7 | $m_7$ |

从表 1-10 中可以看出，最小项具有如下几个重要性质：
（1）在输入变量的任何取值下，有且仅有一个最小项的值为 1；
（2）任意两个不同的最小项之积恒为 0；
（3）变量全部最小项之和恒为 1；
（4）两个具有相邻性的最小项的和可以合并成一项并消去一对不同因子。

若两个最小项只有一个变量不同，则称这两个最小项具有相邻性。这两个最小项相加时可以合并成一项，并消去一对不同的因子。例如，$AB\bar{C}$ 和 $ABC$ 两个最小项仅有最后一个因子不同，则它们具有相邻性，且有 $AB\bar{C}+ABC=AB(\bar{C}+C)=AB$。

**实例 1-19** 写出 $F(A,B,C)=AB+\bar{B}C$ 的最小项表达式。

$$F(A,B,C)=AB+\bar{B}C$$
$$=AB(\bar{C}+C)+(A+\bar{A})\bar{B}C$$
$$=AB\bar{C}+ABC+A\bar{B}C+\bar{A}\bar{B}C$$
$$=m_1+m_5+m_6+m_7$$

或者

$$F(A,B,C)=\sum m(1,5,6,7)$$

或者

$$F(A,B,C)=\sum(1,5,6,7)$$

**实例 1-20** 一个三变量的逻辑函数的真值表如表 1-11 所示，写出其最小项表达式。

表 1-11 一个三变量的逻辑函数的真值表

| A | B | C | F |
|---|---|---|---|
| 0 | 0 | 0 | 0 |
| 0 | 0 | 1 | 0 |
| 0 | 1 | 0 | 0 |

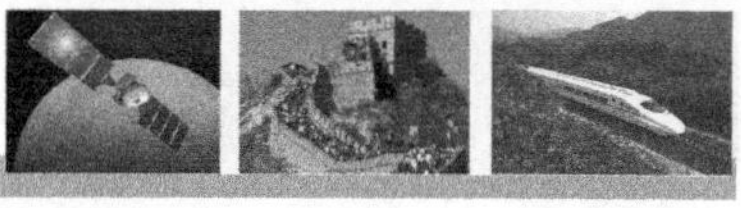

续表

| A | B | C | F |
|---|---|---|---|
| 0 | 1 | 1 | 0 |
| 1 | 0 | 0 | 0 |
| 1 | 0 | 1 | 1 |
| 1 | 1 | 0 | 1 |
| 1 | 1 | 1 | 1 |

**解**：首先从真值表中找出使逻辑函数 F 为 1 的变量取值组合，并写出这些变量组合相对应的最小项，最后将这些最小项相或，即得到该逻辑函数 F 的最小项表达式。

由真值表可得

$$F=A\overline{B}C+AB\overline{C}+ABC$$

或者

$$F=m_5+m_6+m_7$$

或者

$$F=\sum m(5,6,7)$$

或者

$$F=\sum(5,6,7)$$

## 2. 卡诺图

将 $n$ 变量的全部 $2^n$ 个最小项各用一个小方块来表示，并按照循环码排列变量取值顺序，也即按照逻辑相邻性排列所有最小项对应的小方块，使得小方块在几何位置上也相邻地排列起来，这样得到的图形就称为 $n$ 变量最小项的卡诺图。

按照以上方法可以得到二到五变量的最小项卡诺图，如图 1-9 所示。

| A \ B | 0 | 1 |
|---|---|---|
| 0 | $m_0$ | $m_1$ |
| 1 | $m_2$ | $m_3$ |

（a）二变量最小项卡诺图

| A \ BC | 00 | 01 | 11 | 10 |
|---|---|---|---|---|
| 0 | $m_0$ | $m_1$ | $m_3$ | $m_2$ |
| 1 | $m_4$ | $m_5$ | $m_7$ | $m_6$ |

（b）三变量最小项卡诺图

| CD \ AB | 00 | 01 | 11 | 10 |
|---|---|---|---|---|
| 00 | $m_0$ | $m_1$ | $m_3$ | $m_2$ |
| 01 | $m_4$ | $m_5$ | $m_7$ | $m_6$ |
| 11 | $m_{12}$ | $m_{13}$ | $m_{15}$ | $m_{14}$ |
| 10 | $m_8$ | $m_9$ | $m_{11}$ | $m_{10}$ |

（c）四变量最小项卡诺图

| AB \ CDE | 000 | 001 | 011 | 010 | 110 | 111 | 101 | 100 |
|---|---|---|---|---|---|---|---|---|
| 00 | $m_0$ | $m_1$ | $m_3$ | $m_2$ | $m_6$ | $m_7$ | $m_5$ | $m_4$ |
| 01 | $m_8$ | $m_9$ | $m_{11}$ | $m_{10}$ | $m_{14}$ | $m_{15}$ | $m_{13}$ | $m_{12}$ |
| 11 | $m_{24}$ | $m_{25}$ | $m_{27}$ | $m_{26}$ | $m_{30}$ | $m_{31}$ | $m_{29}$ | $m_{28}$ |
| 10 | $m_{16}$ | $m_{17}$ | $m_{19}$ | $m_{18}$ | $m_{22}$ | $m_{23}$ | $m_{21}$ | $m_{20}$ |

（d）五变量最小项卡诺图

图 1-9　二到五变量的最小项卡诺图

图中小方格中 $m$ 的下标数字代表相应最小项的编号。根据逻辑函数的最小项表达式，就可以得到该逻辑函数相应的卡诺图。具体的做法为：在表达式中出现的最小项所对应的小方格内填 1，不出现的最小项在其对应的小方格内填 0 或者不填。

**实例 1-21** 已知逻辑函数为 $F(A,B,C) = m_5 + m_6 + m_7$，画出该逻辑函数的卡诺图。

**解**：画出三变量卡诺图的一般形式，在该图中将对应于最小项编号为 5，6，7 的位置填 1，其余位置空着不填，即可得到该逻辑函数的卡诺图，如图 1-10 所示。

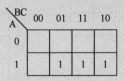

图 1-10 实例 1-21 的卡诺图

**3. 逻辑函数的卡诺图化简法**

卡诺图逻辑相邻性的特点保证了在卡诺图中相邻两方格所代表的最小项只有一个变量不同。因此，若相邻的方格都为 1，则对应的最小项可以合并，合并后的结果是消去不同的变量，只保留相同的变量，这是图形化简法的依据。合并最小项的规则是由卡诺图的性质决定的，下面我们来学习这些性质。

**性质 1**：卡诺图中两个相邻 1 格的最小项可以合并成一个与项，并消去一个变量。

**性质 2**：卡诺图中四个相邻 1 格的最小项可以合并成一个与项，并消去两个变量。

**性质 3**：卡诺图中 $2^n$ 个相邻 1 格的最小项可以合并成一个与项，并消去 $n$ 个变量。

例如：如图 1-11 所示为两个 1 格合并后消去一个变量。

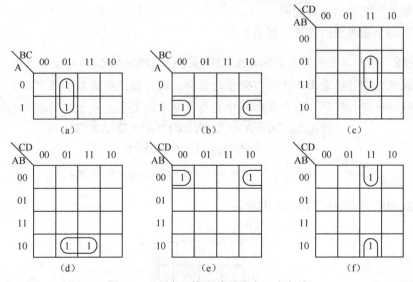

图 1-11 两个 1 格合并后消去一个变量

例如：如图 1-12 所示为四个 1 格合并后消去两个变量。

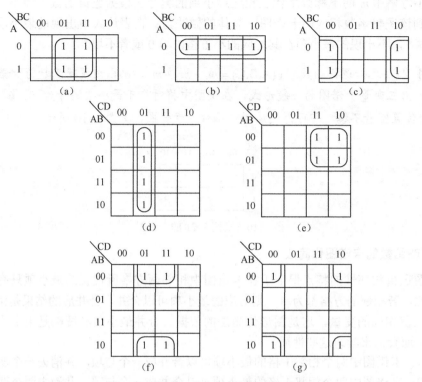

图 1-12 四个 1 格合并后消去两个变量

用卡诺图化简的步骤为：

（1）将逻辑函数化成与或式，然后画出其卡诺图；
（2）按最简原则画出必要的圈；
（3）求出每个圈对应的与项，然后相加。

**实例 1-22** 用卡诺图化简函数 $F(A,B,C,D)=\bar{A}\bar{B}\bar{C}+\bar{A}CD+A\bar{B}\bar{C}D+AB\bar{C}$。

**解**：从表达式中可以看出，F 为四变量的逻辑函数，但是有的乘积项中缺少一个变量，不符合最小项的规定。因此，每个乘积项中都要将缺少的变量先补上。所以

$$F(A,B,C,D) = \bar{A}\bar{B}\bar{C}D+\bar{A}\bar{B}\bar{C}\bar{D}+\bar{A}BCD+\bar{A}\bar{B}C\bar{D}+$$
$$A\bar{B}\bar{C}D+A\bar{B}\bar{C}\bar{D}+AB\bar{C}\bar{D}$$
$$= m_0 + m_1 + m_2 + m_6 + m_8 + m_9 + m_{10}$$

根据上式画出卡诺图如图 1-13 所示。

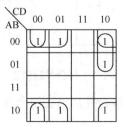

图 1-13 实例 1-22 的卡诺图

对其进行化简，得到最简表达式为
$$F=\overline{B}\overline{C}+\overline{B}\overline{D}+\overline{A}CD$$

**实例 1-23** 利用图形法化简逻辑函数 $F=\overline{A}\overline{C}+AC+\overline{B}C+B\overline{C}$。

**解：**（1）画出逻辑函数 F 的卡诺图，如图 1-14 所示。

（2）合并最小项，合并方式有图 1-14（a）和图 1-14（b）两种。

（3）写出最简与或表达式。

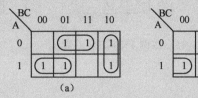

图 1-14 实例 1-23 的卡诺图

按图 1-14（a）合并，则可得到
$$F=A\overline{B}+\overline{A}C+B\overline{C}$$

按图 1-14（b）合并，则可得到
$$F=A\overline{C}+\overline{B}C+\overline{A}B$$

卡诺图化简应注意以下几个问题：

（1）列出逻辑函数的最小项表达式，由最小项表达式确定变量的个数。

（2）画出最小项表达式对应的卡诺图。

（3）将卡诺图中的 1 格画圈，不能漏画。

（4）圈的个数应尽量的少。圈越少，与或表达式的与项就越少。

（5）圈应尽量的大，圈越大，消去的变量就越多，与项中的变量就越少。

（6）每个圈应至少包含一个新的 1 格，否则这个圈就是多余的。

### 4. 带有约束项的逻辑函数的卡诺图化简法

实际应用中经常遇到这样的问题，对应于变量的某些取值，函数的值可以是任意的，或者说这些变量的取值根本不会出现。例如，一个逻辑电路的输入为 8421BCD 码，显然信息中有六个变量组合（1010—1111）是不使用的，这些变量取值所对应的最小项称为约束项。如果电路正常工作，这些约束项决不会出现，那么与这些约束项所对应的电路的输出是什么，也就无所谓了，可以假定为 1，也可以假定为 0。约束项的意义在于，它的值可以取 0 或取 1，具体取什么值，可以根据使函数尽量简化这个原则而定。

在逻辑函数表达式中，用 $\sum d(\ldots)$ 表示约束项。例如 $\sum d(1,3,5)$ 表示最小项 $m_1$、$m_3$、$m_5$ 为约束项。约束项在卡诺图中用"×"来表示。

**实例 1-24** 用卡诺图化简逻辑函数 $F(A,B,C,D)=\sum m(1,3,7,11,15)+\sum d(0,2,9)$。

**解：** 该逻辑函数的卡诺图如图 1-15（a）所示。对该图可以有两种化简方案：

（1）如图 1-15（b）所示，化简结果为
$$F=\overline{A}\overline{B}+CD$$

（2）如图 1-15（c）所示，化简结果为

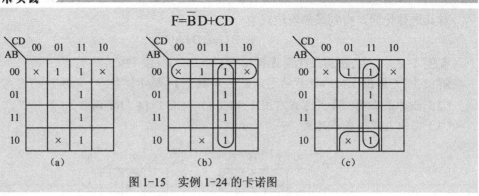

图 1-15 实例 1-24 的卡诺图

### 思考题 1-2

（1）数字电路中有哪几种基本逻辑运算？
（2）逻辑运算的定律及规则？
（3）逻辑函数的代数法化简常用的公式有哪些？
（4）最小项的概念？
（5）卡诺图化简逻辑函数的方法？

## 1.4 集成逻辑门电路

逻辑门电路是按特定功能构成的系列开关电路。它具有体积小、成本低、抗干扰能力强、使用灵活方便等特点，是构成各种复杂逻辑控制及数字运算电路的基本单元。

### 1.4.1 基本逻辑与基本逻辑门电路功能

逻辑门电路是指能够实现一些基本逻辑关系的电路，简称门电路或逻辑元件。各种门电路均可用半导体元件构成，例如 DTL 系列、TTL 系列和 MOS 系列门电路。

在介绍各系列门电路之前，首先要了解最基本的门电路。基本门电路是指能够实现 3 种基本逻辑功能关系的电路，即与门、或门、非门。利用足够多的与、或、非门，就能构成所有可以想象出的逻辑电路，如与非门、或非门、异或门、与或非门等。

#### 1. 非门

非门只有一个输入端和一个输出端，输入的逻辑状态经非门后被取反，如图 1-16 所示为非门电路及其逻辑符号。在图 1-16（a）中，当输入端 A 为高电平 1（+5 V）时，晶体管导通，F 端输出 0.2～0.3 V 的电压，属于低电平范围；当输入端为低电平 0（0 V）时，晶体管截止，晶体管集电极-发射极间呈高阻状态，输出端 F 的电压近似等于电源电压。因此，该电路的输入与输出信号状态满足"非"逻辑关系。任何能够实现"非"逻辑关系（$F=\overline{A}$）的电路均称为"非门"，也称为反相器。式中的符号"-"表示取反，在其逻辑符号的输出端用一个小圆圈来表示，如图 1-16（b）所示。在数字电路的逻辑符号中，若在输入端加小圆圈，则表示输入低电平信号有效；若在输出端加一个小圆圈，则表示将输出信号取反。

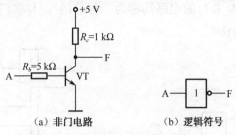

(a) 非门电路  (b) 逻辑符号

图 1-16 非门电路图及其逻辑符号

非门除用真值表和逻辑表达式表示外,还可以用如图 1-17 所示的波形图来描述。

图 1-17 非门波形图

### 2. 与门

只要输入端中的任意一端为低电平时,输出端就一定为低电平,只有当输入端均为高电平时,输出端才为高电平,即输入与输出信号状态满足"与"逻辑关系。任何能够实现"与"逻辑关系($F=A \cdot B$)的电路均称为"与门"。与门的逻辑符号如图 1-18 所示,其波形图如图 1-19 所示。

   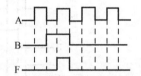

图 1-18 (双输入端)与门逻辑符号　　图 1-19 (双输入端)与门波形图

### 3. 或门

只要输入端中的任意一端为高电平,输出端就一定为高电平,只有当输入端均为低电平时,输出端才为低电平,即输入与输出信号状态满足"或"逻辑关系。任何能够实现"或"逻辑关系($F=A+B$)的电路均称为"或门"。或门的逻辑符号如图 1-20 所示,其波形图如图 1-21 所示。

   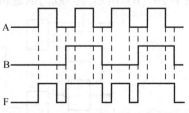

图 1-20 (双输入端)或门逻辑符号　　图 1-21 (双输入端)或门波形图

### 4. 与非门

只要输入端中的任意一端为低电平时,输出端就一定为高电平;只有当输入端均为高电平时,输出端才为低电平,即输入与输出信号状态满足"与非"逻辑关系。任何能够满足"与非"逻辑关系（$F=\overline{A \cdot B}$）的电路均称为"与非门"。与非门的逻辑符号如图1-22所示，其波形图如图1-23所示。

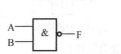

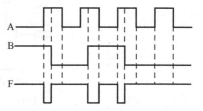

图1-22 （双输入端）与非门逻辑符号　　　图1-23（双输入端）与非门波形图

### 5. 或非门

能够实现"或非"逻辑关系（$F=\overline{A+B}$）的电路均称为"或非门"。在一个或门的输出端连接一个非门就构成了"或非门"，如图1-24所示。

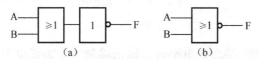

图1-24 （双输入端）或非门逻辑符号

如图1-25所示为描述或非门输入与输出信号之间逻辑关系的波形图。

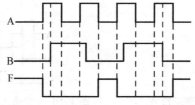

图1-25 （双输入端）或非门波形图

### 6. 异或门

任何能够实现"异或"逻辑关系 $F=\overline{A}B+A\overline{B}$ 的电路均称为"异或门"。异或门可由非门、与门和或门组合而成，如图1-26（a）所示。当输入端A，B的电平状态互为相反时，输出端F一定为高电平；当输入端A，B的电平状态相同时，输出端F一定为低电平。如图1-26（b）所示为异或门的逻辑符号。

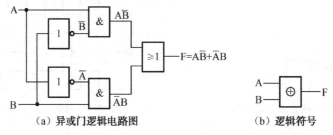

（a）异或门逻辑电路图　　　　　　（b）逻辑符号

图1-26 异或门逻辑电路图及逻辑符号

如图1-27所示为描述异或门输入与输出信号之间逻辑关系的波形图。

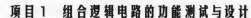

项目1 组合逻辑电路的功能测试与设计

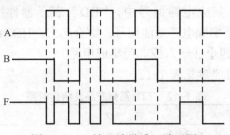

图1-27 双输入端异或门波形图

### 7. 同或门

任何能够实现"同或"逻辑关系 $F=AB+\overline{A}\,\overline{B}$ 的电路均称为"同或门"。由非门、与门和或门组合而成的同或门及逻辑符号如图1-28所示。当输入端A，B的电平状态互为相反时，输出端F一定为低电平；而当输入端A，B的电平状态相同时，输出端F一定为高电平。

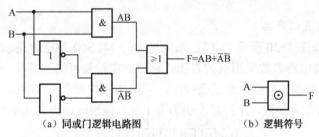

(a) 同或门逻辑电路图　　　　(b) 逻辑符号

图1-28 同或门逻辑电路图及逻辑符号

如图1-29所示为描述同或门输入与输出信号之间逻辑关系的波形图。

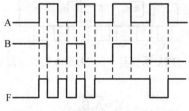

图1-29 双输入端同或门波形图

## 1.4.2 常用的集成逻辑门电路系列

### 1. 常用 TTL 集成电路

TTL 集成电路中，主要有两大系列，即 54 系列和 74 系列，具有完全相同的电路结构和电气性能参数。其中，54 系列集成电路为军用品（工作温度在-55～+125 ℃），74 系列集成电路为民用品（工作温度在 0～70 ℃）。国际上，54/74 系列集成电路命名的规则，按以下四部分进行型号命名：

（1）厂家器件型号前缀；
（2）54/74 族号；
（3）系列规格；
（4）集成电路的功能编号。

例如，在 HD74LS02 集成电路型号中，"HD"表示器件型号前缀，"74"是族号，"LS"是系列规格，"02"是集成电路功能编号。综合起来，HD74LS02 为日本 HITACHI 公司生产的 74 系列低功耗、四个 2 输入或非门集成电路。

TTL 系列产品及特性对照参见表 1-12。

表 1-12　TTL 系列产品及特性对照

| 系　列 | 特　点 | tpd/ns | P/mW |
| --- | --- | --- | --- |
| 74 系列 | 最早产品，中速器件，目前仍在使用 | 10 | 10 |
| 74H 系列 | 74 系列改进型，功耗较大，目前不使用 | 6 | 22.5 |
| 74S 系列 | 速度较高，品种不是很多 | 4 | 20 |
| 74LS 系列 | 低功耗，品种生产厂家多，价格低，目前为主要产品系列 | 10 | 2 |
| 74AS 系列 | 74S 系列的后继产品，速度功耗有改进 | 1.5 | 20 |
| 74ALS 系列 | 74LS 后继产品，速度功能有较大改进，但价格较 74LS 系列贵 | 4 | 1 |

1）典型 TTL 集成门产品

（1）74LS00：如图 1-30 所示为 TTL 系列与非门 74LS00 集成电路示意图，它包括 4 个双输入与非门。此类电路多数采用双列直插式封装。在封装表面上都有一个小豁口，用来标识引脚的排列顺序。引脚 14 接电源正极+$V_{CC}$，引脚 7 接电源负极 GND，即地。引脚编号顺序一般以芯片缺口向左为参数，下排最左引脚为 1 号，按逆时针方向从小到大编排。

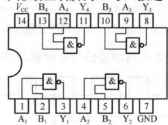

图 1-30　TTL 系列与非门 74LS00 集成电路示意图

74LS00 实现的功能为

$$Y_1=\overline{A_1B_1}$$
$$Y_2=\overline{A_2B_2}$$
$$Y_3=\overline{A_3B_3}$$
$$Y_4=\overline{A_4B_4}$$

（2）74LS04：74LS04 是一个非门电路，内部集成了 6 个独立的非门电路，片内逻辑图及引脚如图 1-31 所示。

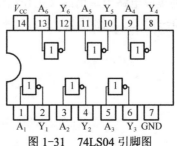

图 1-31　74LS04 引脚图

74LS04 完成的逻辑功能为

$$Y_1=\overline{A_1}$$
$$Y_2=\overline{A_2}$$
$$Y_3=\overline{A_3}$$
$$Y_4=\overline{A_4}$$
$$Y_5=\overline{A_5}$$
$$Y_6=\overline{A_6}$$

（3）74LS20：74LS20 是两个 4 输入与非门，内含两组 4 与非门。

第 1 组：1，2，4，5 引脚为输入，6 脚为输出。

第 2 组：9，10，12，13 引脚为输入，8 脚为输出。

74LS20 片内逻辑图及引脚如图 1-32 所示。

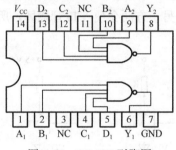

图 1-32  74LS20 引脚图

2）TTL 系列门电路主要参数

TTL 系列数字电路有许多参数指标，例如最大电源电压、电流、工作环境温度范围等。下面介绍一些与 TTL 集成电路电气特性有关的重要参数指标。

（1）高电平输出电压 $U_{OH}$：2.7～3.4 V。

（2）高电平输出电流 $I_{OH}$：输出为高电平时，提供给外接负载的最大输出电流。若使用电流超过手册中的规定值时，会使输出高电平下降，严重时会破坏逻辑关系。$I_{OH}$ 也表示电路的拉电流负载能力。

（3）低电平输出电压 $U_{OL}$：0.2～0.5 V。

（4）低电平输出电流 $I_{OL}$：输出为低电平时，外接负载的最大输出电流（实际是从 IC 输出端流入）。超过此值会使输出低电平上升。$I_{OL}$ 也表示电路的灌电流负载能力。

（5）高电平输入电压 $U_{IH}$：一般为 2 V，是指允许输入高电平的最小值。

（6）高电平输入电流 $I_{IH}$：输入为高电平时的输入电流，即当前级输出为高电平时，本级输入电路作为前级负载时的拉电流。

（7）低电平输入电压 $U_{IL}$：一般为 0.8 V，是指允许输入的最大低电平值。

（8）低电平输入电流 $I_{IL}$：输入为低电平时的输入电流，即当前级输出为低电平时，本级输入电路作为前级负载的灌电流。

（9）传输延迟时间 $t_{PLH}$ 和 $t_{PHL}$：输出状态响应输入信号所需的时间。在工作频率较高的数字电路中，信号经过多级门电路传输后造成的时间延迟将影响门电路的逻辑功能。

（10）时钟脉冲 $f_{max}$：电路最大的工作频率，超过此频率 IC 将不能正常工作。

各种 TTL 集成电路的重要电气特性及参数指标，都可以在 TTL 集成电路手册中查到。对于功能复杂的 TTL 集成电路，手册中还提供时序图（或波形图）、功能表（或真值表）以及引脚信号电平的要求等内容。熟练运用集成电路手册，掌握芯片各种描述方法的作用是正确使用各类 TTL 集成电路的必备条件。

3）其他常用 TTL 门电路

除基本门电路外，下面介绍几种常用的特殊门电路：集电极开路门电路（OC 门）、三态门电路和驱动电路。

（1）集电极开路门电路（OC 门）。

如图 1-33 所示，当与非门 1 的输出信号 $L_1$ 为高电平（$L_1=1$）时，若与非门 2 的输出 $L_2$ 为低电平（$L_2=0$），就会有很大的电流 $I$ 经 $R_4$、$VT_3$、$VD_4$ 流入 $VT_4'$ 管的集电极。电流 $I$ 成为 $VT_3$ 管的拉电流负载，同时也是 $VT_4'$ 管的灌电流负载。$I$ 过大一方面会使 $L_2$ 输出的低电平状态受到破坏（使 $L_2=1$）；另一方面会使 $VT_3$ 管烧坏。所以，实际应用中这种接法是不允许的。

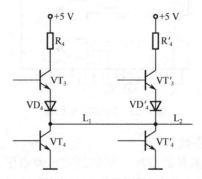

图 1-33 与非门并联应用

为了既满足门电路"并联应用"的逻辑要求，又不破坏输出端的逻辑状态且不损坏门电路，人们设计出集电极开路的 TTL 门电路，又称"OC 门"。如图 1-34 所示为集电极开路与非门的原理示意图及逻辑符号。

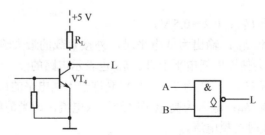

图 1-34 集电极开路与非门的原理示意图及逻辑符号

集电极开路的门电路有许多种，包括集电极开路的与门、非门、与非门、与或非门及其他种类的集成电路。"OC 门"的逻辑表达式、真值表等描述方法和普通门电路完全一样，它们的主要区别是："OC 门"的输出管 $VT_4$ 的集电极处于开路状态，在具体应用时，必须外接集电极负载电阻 $R_L$。

下面介绍 OC 门的几个主要应用。

① OC 门实现"线与"逻辑。所谓线与，即将若干个门电路的输出端直接用导线连接起来，实现各输出变量之间的与逻辑功能。

OC 门的线与连接图如图 1-35 所示。2 个 OC 与非门线与实现与的逻辑功能，即 L=$\overline{AB}\cdot\overline{CD}$=$\overline{\overline{AB}+\overline{CD}}$，其逻辑等效符号如图 1-36 所示。

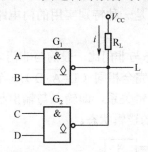

图 1-35 OC 门的线与连接图

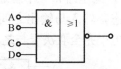

图 1-36 逻辑等效符号

上拉电阻的选取为

$$R_{Lmax} = \frac{V_{CC} - V_{OHmin}}{nI_{OH} + mI_{iH}}$$

$$R_{Lmin} = \frac{V_{CC} - V_{OLmax}}{I_{OLmax} + pI_{iL}}$$

式中　$n$ ——OC 门输出端并接的个数；
　　　$m$ ——负载门的输入端总数；
　　　$p$ ——负载门的总数。

② 电平转换器。OC 门需外接电阻，所以电源 $V_{CC}$ 可以选 5～30 V，因此 OC 门作为 TTL 电路可以和其他不同类型不同电平的逻辑电路进行连接。

如图 1-37 所示为 TTL 电路驱动 CMOS 电路图。

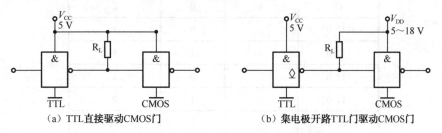

(a) TTL直接驱动CMOS门　　　(b) 集电极开路TTL门驱动CMOS门

图 1-37 TTL（OC）驱动 CMOS 电路

当 CMOS 电源电压 $V_{DD}$=5 V 时，TTL 门可以直接驱动 CMOS 门，如图 1-37（a）所示。

如果 CMOS 电路的 $V_{DD}$=5～18 V，特别是 $V_{DD}>V_{CC}$ 时，为保证 CMOS 高电平输入的需要，必须选用集电极开路（OC 门）TTL 电路，如图 1-37（b）所示。

③ 驱动负载。如图 1-38 所示，OC 门能输出较大的电压和电流，可直接作为驱动器驱动发光二极管、脉冲

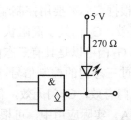

图 1-38 OC 门驱动发光二极管

变压器等。

(2) 三态门电路。

一般逻辑门电路的输出只有 0、1 两种状态,而三态门的输出除了 0、1 两种状态之外,还有第三种状态——高阻抗状态。高阻抗状态并不表示逻辑意义上的第三种状态,它只表示在高阻抗状态时,门电路的输出阻抗非常大,输入与输出之间可以视为开路状态,即对外电路不起任何作用。在数字电路中,三态门是一种特别实用的门电路,尤其是在计算机接口电路中得到了广泛应用。

如图 1-39 所示为三态与非门的逻辑符号。三态与非门比一般的与非门多了一个控制信号 G。当 G=1 时,此电路和一个普通的与非门电路完全相同($L=\overline{A \cdot B}$);当 G=0 时,输出端呈现高阻抗状态,输入与输出之间不满足与非逻辑关系,即输入与输出状态之间互不影响,输出端 L 的电平完全取决于与之相连的外电路的逻辑状态。

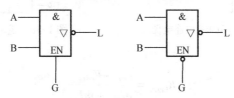

图 1-39 三态与非门的逻辑符号

在逻辑符号的控制端有小圆圈,表示当控制端为低电平时与非门有效,输入和输出状态之间满足与非逻辑关系,若控制端为高电平,则输出端处于高阻状态,不受输入端状态的逻辑控制。若控制端无小圆圈,控制电平正好相反。三态门的真值表参见表 1-13,表中"×"表示任意状态。

表 1-13 三态门真值表

| 控 制 | 输入变量 | | 输出变量 |
|---|---|---|---|
| G | A | B | L |
| (1) 0 | 0 | 0 | 1 |
| (1) 0 | 0 | 1 | 1 |
| (1) 0 | 1 | 0 | 1 |
| (1) 0 | 1 | 1 | 0 |
| (0) 1 | × | × | 高阻 |

在常用的集成电路中,有许多集成电路的输入端或输出端采用了三态门结构。在使用时,可根据实际需要用控制端实现电路间的接通与断开。在图 1-40(a)中,当 G=1 时,$G_1$ 门有效,$G_2$ 门处于高阻状态;当 G=0 时,$G_2$ 门有效,$G_1$ 门处于高阻状态。实际应用中 $G_1$ 门和 $G_2$ 门可以是具有三态门控制的各种芯片。

通过三态门的控制信号 G 可实现数据的双向传输控制。在图 1-40(b)中,当 G=0 时,$G_1$ 门有效,$G_2$ 门无效,信号 A 传输至 B;当 G=1 时,$G_1$ 门无效,$G_2$ 门有效,信号 B 传输至 A。实际应用中,可根据需要选择具有双向传输功能的集成电路。

在总线结构的应用电路中,数据的传输必须通过分时操作来完成,即在不同时段实现不同电路与总线间的数据传输。图 1-40（c）是带三态门的数据传输接口电路与总线连接示意图。通过控制信号 G 来控制哪一个接口电路可以向公共数据总线发送数据或接收数据。根据总线结构的特点,要求在某一时段只能允许一个接口电路占用总线。通过各接口电路的控制信号 $G_1$～$G_i$ 分时控制就能满足这一要求。

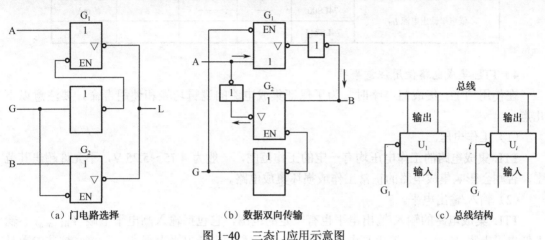

图 1-40  三态门应用示意图

（3）驱动电路。

在集成电路应用中,有时前级门电路不能直接驱动后级门电路或其他类型电路。此时,可采用专用集成驱动电路来提高前级门电路的负载能力。如图 1-41 所示为集成驱动器 74LS244 的示意图,它由 8 个三态输出的缓冲/驱动电路构成,并分为两组,每组分别由三态允许控制端和 $\overline{EN_A}$ $\overline{EN_B}$ 控制。当 $\overline{EN_A}$ 和 $\overline{EN_B}$ 为低电平时,Y=A；当 $\overline{EN_A}$ 和 $\overline{EN_B}$ 为高电平时,输出端呈高阻状态。

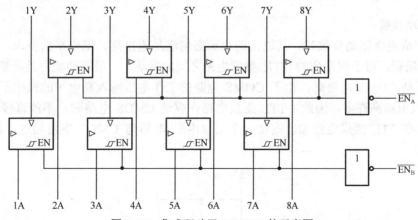

图 1-41  集成驱动器 74LS244 的示意图

表 1-14 中列出了 74LS244 八缓冲/驱动器的主要参数与 74LS00 四-二输入与非门的主要参数。通过比较可发现,两者的输入/输出电压及输入电流的参数基本相同,但 74LS244 的输出电流 $I_{OH}$ 和 $I_{OL}$ 增大了许多。

表 1-14 主要参数对照表

| 主要参数 | | 最 小 | 额 定 | 最 大 | 单 位 |
|---|---|---|---|---|---|
| 高电平输出电流 $I_{OH}$ | 74LS00 | —— | —— | -400 | μA |
|  | 74LS244 | —— | —— | -15 | mA |
| 低电平输出电流 $I_{OL}$ | 74LS00 | —— | —— | 8 | mA |
|  | 74LS244 | —— | —— | 24 | mA |

4）TTL 集成电路使用注意事项

在使用 TTL 集成门电路时，为了保证集成电路的逻辑功能和使用寿命，要注意以下几点：

（1）工作电压。

TTL 集成电路的工作电压均有一定的工作范围，一般为 4.75～5.25 V，不允许超出其范围，否则会影响集成电路的正常工作或损坏集成电路。

（2）输入/输出电平。

TTL 集成电路的输入/输出电平也有一定的范围，它包括输入高电平下限 $V_{IH(min)}$、输入低电平上限 $V_{IL(max)}$、输出高电平下限 $V_{OH(min)}$ 和输出低电平上限 $V_{OL(max)}$。这些参数是由各集成电路生产厂商给出的。一般 TTL 集成电路输入/输出电平的变化范围如下所示。

① 输入低电平：$0 \leqslant u_i \leqslant V_{IL(max)}$。

② 输入高电平：$V_{IH(min)} \leqslant u_i \leqslant 5\,V$。

③ 输出低电平：$0 \leqslant u_o \leqslant V_{OL(max)}$。

④ 输出高电平：$V_{OH(min)} \leqslant u_o \leqslant 5\,V$。

如果信号在高电平下限和低电平上限之间时，它既非高电平又非低电平，这在使用时是不允许的。

（3）驱动负载。

TTL 集成电路驱动负载时，其输出的电流必需满足输出高、低电平的要求，否则会发生输出逻辑错误。对于同系列的 TTL 集成电路之间的驱动，一般驱动能力是足够的，但当 TTL 电路驱动 COMS 电路时，由于 COMS 电路的工作电压输入高电平的范围不同，所以比 TTL 集成电路高许多，因此，TTL 集成电路在驱动 CMOS 电路时，不能直接接 CMOS 电路，而是将 TTL 集成电路输出端接一个上拉电阻 R 后与 CMOS 电路相连，如图 1-42 所示。

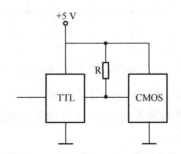

图 1-42 TTL 与 CMOS 接口电路

(4) 多余端的处理。

在使用集成门电路时，如果输入信号数小于门的输入端数，就有多余输入端。一般不让多余的输入端悬空，以防止干扰信号引入。对多余输入端的处理，必须以不改变电路逻辑工作状态及稳定可靠为原则。

以 TTL 与非门和或非门为例。

① 对于 TTL 与非门，通常将多余输入端通过 1 kΩ左右的电阻与电源 $V_{CC}$ 相连，或者将多余输入端与另一接有输入信号的输入端连接，如图 1-43 所示。

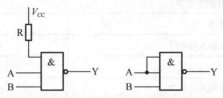

图 1-43  TTL 与非门多余端的处理方法

② 对于 TTL 或非门，必须把多余输入端接地，或者把多余输入端与另一个接有输入信号的输入端相接，如图 1-44 所示。

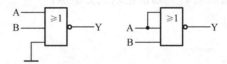

图 1-44  TTL 或非门多余端的处理方法

(5) 其他事项。

① TTL 电路（OC 门和三态门除外）的输出端不允许并联使用，也不允许直接与+5 V 电源或地线相连。

② 考虑集成电路电源的滤波问题，一般在电源输入端与集成电路地之间并接一个 100 μF 的电容作为低频滤波，而在每块集成块的电源输入端与地之间并接一个 0.01～0.1 μF 的电容作为高频滤波，以保证电路的抗干扰能力。

③ 严禁带电插拔和焊接集成电路。集成电路的插拔和焊必须在电源切断后进行，否则容易引起集成电路的损坏。

### 2. 常用 CMOS 门电路

1）CMOS 门电路介绍

CMOS 门电路的逻辑图、逻辑符号、逻辑表达式、真值表等描述方法与 TTL 门电路的是完全一样的，只是它们的电气参数有所不同，使用方法也有差异而已。常用的 CMOS 门电路在类型、种类上几乎与 TTL 数字电路相同，因此前面以 TTL 门电路为例所介绍的各种应用同样适用于 CMOS 门电路。

常用的 CMOS 集成电路有标准 CMOS4000B 系列、4500B 系列、高速 CMOS40H 系列、新型高速 COMS74HC 系列等，主要由美国的 RCA 公司（4000 系列）和 Motorola 公司开发（4500 系列）。

常用的 4000 系列集成 CMOS 集成门电路介绍参见表 1-15。

表 1-15 常用的 4000 系列集成 CMOS 集成门电路

| 型号 | 名称 | 功能 |
|---|---|---|
| 4000B | 二个 3 输入或非门，一个反相器 | $Y_1=\overline{A+B+C}$<br>$Y_2=\overline{D}$ |
| 4001B | 四个 2 输入或非门 | $Y=\overline{A+B}$ |
| 4002B | 两个 4 输入或非门 | $Y=\overline{A+B+C+D}$ |
| 4009B | 六反相器(驱动器) | $Y=\overline{A}$ |
| 4010B | 六缓冲器 | $Y=A$ |
| 4011B | 四个 2 输入与非门 | $Y=\overline{AB}$ |
| 4012B | 双 4 输入与非门 | $Y=\overline{ABCD}$ |
| 4023B | 三个 3 输入与非门 | $Y=\overline{ABC}$ |
| 4070B | 四个 2 输入异或门 | $Y=A \oplus B$ |
| 4069B | 六反相器 | $Y=\overline{A}$ |

4000/4500 系列集成电路的命名规则也由四部分组成：

（1）厂家器件型号前缀；

（2）系列号；

（3）集成电路功能编号；

（4）类别。

例如 CD4010B，其中 CD 表示美国 RCA 公司器件型号前缀；40 表示系列号；10 表示集成电路功能编号，即六同相驱动器；B 表示类别。4000/4500 系列集成电路分 A、B 两类。采用塑封双列直插形式，引脚编号同 TTL 集成电路。

**注意**：4000/4500 系列中同编号的器件并不表示具有相同逻辑功能。例如 4000B 与 4500B，4000B 是双 3 输入或非门加反相器，而 4500B 是 1 位微处理器。这与 54/74 族集成电路不同。

2）CMOS 集成电路使用注意事项

与 TTL 集成门电路一样，CMOS 集成门电路在使用时必须注意以下几点。

（1）工作电压。

CMOS 集成电路中，4000/4500 系列的工作电压范畴为 3~18 V，74HC 系列工作电压为 2~6 V。在工作时，工作电压的正、负极不能接反。

（2）输入/输出高低电平。

CMOS 集成电路输入/输出高低电平的判别如下：

高电平　$\frac{2}{3}V_{DD} \leqslant V_i(u_o) \leqslant V_{DD}$；

低电平　$0\ \text{V} \leqslant V_i(u_o) \leqslant \frac{1}{3}V_{DD}$。

（3）驱动负载。

对于 CMOS 集成门电路，若同系列之间驱动，一般可以满足负载要求，但不同系列之间的驱动（如 CMOS 集成电路驱动 TTL 集成电路负载）则需要注意，由于 TTL 的输入拉电流较大，一般 CMOS 的低电平输出电流不能满足要求。此时，必须在二者之间增加 CMOS 接口电路。例如 CC4010 六同相缓冲器/变换器等，提高 CMOS 驱动 TTL 负载的能力，电路如图 1-45 所示。

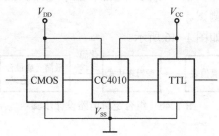

图 1-45 使用 CC4010 的驱动接口电路图

（4）多余输入端的处理。

对于 CMOS 电路的多余输入端必须依据相应电路的逻辑功能决定是接在正电源 $V_{DD}$ 上还是与地相接，不允许悬空，这一点与 TTL 电路有所区别。值得注意的是，CMOS 电路的多余输入端一般不宜与使用的输入端并联使用，因为输入端并联越多，将使前级的负载电容增加，工作速度下降，动态功耗增加。

（5）其他注意事项。

① 注意 CMOS 集成电路的防静电问题。CMOS 集成电路在存放、运输、高温老化过程中，必须放在接触良好的金属屏蔽盒内或用金属铝箔纸包装，以防外来感应电势将栅极击穿。

② 焊接时不能使用 25 W 以上的电烙铁，以防止温度过高破坏电路内部结构。一般采用 20W 内热式烙铁为宜。焊接时间不宜过长，焊锡量不可过多。

③ 与 TTL 电路一样，严禁带电插拔和焊接集成块。

## 1.5 组合逻辑电路设计

所谓组合逻辑电路设计，就是根据给出的实际逻辑问题，求出实现这一逻辑功能的最佳逻辑电路。

### 1. 组合逻辑电路设计注意事项

工程上的最佳设计，通常需要用多个指标去衡量，主要考虑以下几个方面的问题。

（1）所用的逻辑器件数目最少，器件的种类最少，且器件之间的连线最少。这样的电路称"最小化"电路。

（2）满足速度要求，应使级数最少，以减少门电路的延迟。

（3）功耗小，工作稳定可靠。

### 2. 组合逻辑电路设计步骤

组合逻辑电路的设计一般可按以下步骤进行。

（1）根据设计要求，确定输入、输出变量的个数，并对它们进行逻辑赋值（即确定 0 和 1 代表的含义）。

（2）根据真值表，写出相应的逻辑函数表达式。

数字电子技术实践

(3) 将逻辑函数表达式化简，并变换为与门电路相对应的最简式。
(4) 根据化简的逻辑函数表达式画出逻辑电路图。
(5) 工艺设计，包括设计机箱、面板、电源、显示电路、控制开关等。

最后还必须完成组装、测试。

组合逻辑电路设计步骤如图 1-46 所示。

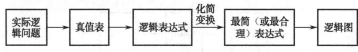

图 1-46　组合逻辑电路设计步骤

### 思考题 1-3

(1) 数字逻辑电路中有哪些基本门电路？它们的逻辑功能？
(2) OC 门有哪些应用？三态门有哪些应用？
(3) TTL、CMOS 集成逻辑门各自的使用注意点？

## 任务 1-1　集成逻辑门电路 74LS04 的测试

**1. 任务要求**

非门逻辑功能的测试。

**2. 测试设备与器件**

数字电路实验箱
数字万用表
74LS04

**3. 测试电路**

数字集成门电路双列直插式封装形式实物图如图 1-47 所示，贴片封装形式实物图如图 1-48 所示。

图 1-47　双列直插式封装形式实物图　　图 1-48　贴片式封装形式实物图

集成电路引脚号排布规律示意图如图 1-49 所示。

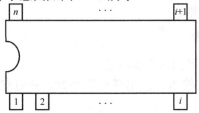

图 1-49　集成电路引脚排布规律示意图

# 项目1 组合逻辑电路的功能测试与设计

如果将 IC 芯片正面朝上，开口朝前，则 IC 引脚编号按逆时针方向排列，左前方第 1 个引脚的编号为 1。数字电路中 IC 的电源往往不在电路中标出，一般情况下，左下方最后一个引脚为电源"-"，编号最大的引脚（右前方第一个引脚）为电源"+"。在使用中，必须正确识别 IC 的引脚。

非门逻辑功能测试电路如图 1-50 所示。如图 1-51 所示为 74LS04 引脚示意图。

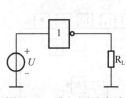

图 1-50 非门测试电路

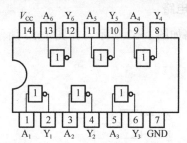

图 1-51 74LS04 引脚示意图

### 4. 测试步骤与要求

（1）74LS04 插入数字电路箱中 14 脚插座，其中 74LS04 的缺口与插座的缺口一致。

（2）给数字集成门电路 74LS04 加电源，即数字集成门电路的第 14 引脚 $V_{CC}$ 接实验箱标有 5 V 的插口，数字集成门电路的第 7 脚 GND 接实验箱标有 GND 的插口。

（3）结合图 1-51，按照图 1-50 接好电路，输入端分别接数字电路实验箱的逻辑电平输入电路，输出端接实验箱逻辑电平指示电路。

（4）接通电源（闭合综合测试系统中的电源开关），改变输入电平，观察输出逻辑状态，用数字万用表测量输出电压的大小，并将结果记入表 1-16 中。

表 1-16 74LS04 逻辑功能测试表格

| A | Y | $U_Y$（V） |
|---|---|---|
| 0 |   |   |
| 1 |   |   |

（5）74LS04 的输入端 A 接函数信号发生器（TTL 输出 1 kHz 信号），用示波器观察 1 kHz 信号有没有从 A 端输入，同时用示波器的另一通道观察输出波形。

### 5. 注意事项

（1）试验之前应先检查设备、器材的好坏。

（2）认清集成电路块方向，用镊子正确插拔集成电路，注意保护外部引脚。

（3）电路连接时，要注意电源的极性，避免反接。

## 任务 1-2 集成逻辑门电路 74LS00 的测试

### 1. 任务要求

与非门逻辑功能的测试。

### 2. 测试设备与器件

数字电路实验箱

数字万用表

74LS00

### 3. 测试电路

测试电路如图 1-52 所示。如图 1-53 所示为 74LS00 引脚示意图。

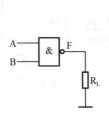

图 1-52　与非门测试电路

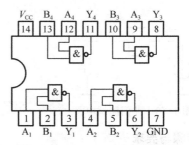

图 1-53　74LS00 引脚示意图

### 4. 测试步骤与要求

（1）将 74LS00 正确插入数字电路实验箱中 14 脚插座。

（2）给数字集成门电路加电源，即数字集成门电路的 $V_{CC}$ 接实验箱标有 5V 的插口，数字集成门电路的 GND 接实验箱标有 GND 的插口。

（3）结合图 1-53，按照图 1-52 接好电路。其中输入端分别接数字电路实验箱逻辑电平输入电路，输出端接数字电路实验箱逻辑电平指示电路。

（4）接通电源（闭合综合测试系统中的电源开关），改变输入电平，观察输出逻辑状态，用数字万用表测量输出电压的大小，并将结果记入表 1-17 中。其中用数字万用表测量该悬空的输入端电压为 ＿＿＿＿ V。

表 1-17　74LS00 逻辑功能测试表

| A | B | Y | $U_Y$ ( V ) |
|---|---|---|---|
| 0 | 0 |   |   |
| 0 | 1 |   |   |
| 1 | 0 |   |   |
| 1 | 1 |   |   |
| × | 0 |   |   |
| × | 1 |   |   |

（5）根据步骤（4）列出 74LS00 的真值表，并写出逻辑函数表达式。

（6）测试结果表明：74LS00 的逻辑功能为 ＿＿＿＿＿＿＿＿＿＿＿＿＿＿＿＿＿＿，同时输入端悬空意味着输入＿＿＿＿＿（高/低）电平。

## 5. 注意事项

（1）试验之前应先检查设备、器材的好坏。
（2）认清集成电路块方向，用镊子正确插拔集成电路，注意保护外部引脚。
（3）电路连接时，要注意电源的极性，避免反接。

# 任务 1-3  三人表决器逻辑电路设计

## 1. 任务要求

（1）利用 74LS00 和 74LS10 实现三人表决器逻辑电路功能。
（2）分组合作，根据三人表决器功能，按要求完成电路设计。
（3）分别在 Multisim 软件平台和数字电路实验箱上完成电路逻辑功能验证。

## 2. 设计思路

根据题意可知：输入有 3 个变量，分别用 A，B，C 表示，输出用 Y 表示。设三人（A，B，C）每人有一开关，如果赞成，就按开关，表示"1"；如果不赞成，不按开关，表示"0"。表决结果用指示灯来表示，如果多数赞成，则指示灯亮，即 Y=1；反之则不亮，即 Y=0。

## 3. 实施步骤与要求

（1）由题意列出真值表参见表 1-18。

表 1-18  三人表决器真值表

| A | B | C | Y |
|---|---|---|---|
| 0 | 0 | 0 | 0 |
| 0 | 0 | 1 | 0 |
| 0 | 1 | 0 | 0 |
| 0 | 1 | 1 | 1 |
| 1 | 0 | 0 | 0 |
| 1 | 0 | 1 | 1 |
| 1 | 1 | 0 | 1 |
| 1 | 1 | 1 | 1 |

（2）由真值表写出逻辑函数表达式为

$$Y=\bar{A}BC+A\bar{B}C+AB\bar{C}+ABC$$

（3）变换和化简逻辑式为与非式，即

$$Y=AB\bar{C}+A\bar{B}C+\bar{A}BC+ABC$$
$$=AB(\bar{C}+C)+BC(\bar{A}+A)+CA(\bar{B}+B)$$

$$=\overline{AB+BC+CA}$$
$$=\overline{\overline{\overline{AB+BC+CA}}}$$
$$=\overline{\overline{AB}\cdot\overline{BC}\cdot\overline{CA}}$$

（4）根据所提供的器件，设计逻辑电路图如图 1-54 所示。

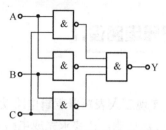

图 1-54　由 74LS00 和 74LS10 构成的三人表决器逻辑电路图

**4. Multisim 软件仿真实训**

三人表决器的仿真测试电路如图 1-55 所示。

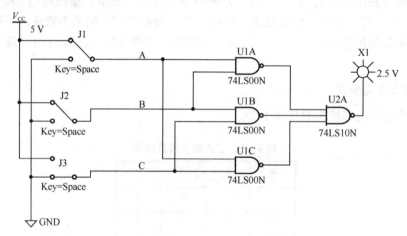

图 1-55　由 74LS00 和 74LS10 构成的三人表决器仿真测试电路

在 Multisim 软件工作平台上操作步骤如下：

（1）从数字集成电路库中拖出 74LS00 和 74LS10。
（2）从电源库中拖出电源 $V_{CC}$、接地。
（3）从基本元件库中拖出开关，将开关旋转方向后复制为 3 个，分别为 A，B，C。
（4）从指示器件库中拖出逻辑指示灯，旋转后接入电路。
（5）按图 1-55 所示连接电路，检查电路无误后按下仿真开关进行测试。
（6）当开关 A，B，C 全部接地，即输入代码为 000 时，逻辑指示灯灭。
（7）当开关 A，B，C 全部接电源，即输入代码为 111 时，逻辑指示灯亮。
（8）操作开关 A，B，C，输入不同的代码，显示相应的逻辑输出状态。
（9）检查仿真结果是否符合三人表决器的功能。

**5. 数字电路实验箱三人表决器电路安装调试**

（1）设备、工具和材料参见表 1-19。

项目 1　组合逻辑电路的功能测试与设计

表 1-19　三人表决器电路使用的设备、工具和材料

| 序　号 | 名称及说明 | 数　量 |
|---|---|---|
| 1 | 数字电路实验箱 | 1 |
| 2 | 数字万用表 | 1 |
| 3 | 74LS00 | 1 |
| 4 | 74LS10 | 1 |
| 5 | 导线 | 若干 |

（2）操作步骤。

① 正确安装各元器件与连线。

② 给数字集成门电路加电源，即数字集成门电路的 $V_{CC}$ 接综合测试系统中标有 5 V 的插口，数字集成门电路的 GND 接综合测试系统中标有 GND 的插口。

③ A，B，C 三个输入端分别接综合测试系统的逻辑电平输入电路，输出端 Y 接综合测试系统中逻辑电平指示电路。

④ 改变三个开关的状态，观察发光二极管的亮与不亮，验证电路正确与否。

### 思考题 1-4

（1）如何用 74LS08 和 74LS32 来实现该电路的逻辑功能？逻辑表达式、逻辑电路图、接线图等有什么变化，进行实践操作并验证电路是否正确。（74LS08 为四-二输入与门，74LS32 为四-二输入或门）

（2）某汽车驾驶员培训班进行结业考试，有三名评判员，其中 A 为主评判员，B 和 C 为副评判员。在评判时，按照少数服从多数的原则通过，但主评判员认为合格，也可通过。试用"与非门"构成逻辑电路实现此评判规定。

## 知识梳理与总结

本次任务主要介绍了进制与码制的相互转换以及基本的逻辑关系。基本的逻辑关系主要有：与、或、非、与非、或非、同或和异或等。

表示逻辑电路的方法主要有：逻辑函数表达式、真值表、卡诺图和逻辑图。

研究和设计逻辑电路就必须用逻辑代数这一工具，逻辑代数包括公理、基本定理、基本规则和一些公式，掌握它们有重要的作用。

在实际问题中，常常要对逻辑函数进行化简，化简的方法主要有公式化简和卡诺图化简法，工程中常用卡诺图化简。

## 练习题 1

**一、选择题**

1.1　一位十六进制数可以用 ____ 位二进制数来表示。

    A. 1　　　　　　B. 2　　　　　　C. 4　　　　　　D. 16

1.2　十进制数 25 用 8421BCD 码表示为 ____ 。

    A. 11001　　　　B. 0010 0101　　C. 0001 1001　　D. 10101

1.3　与十进制数 $(53.5)_{10}$ 等值的数或代码为 ____ 。

    A. $(01\,010\,011.010\,1)_{8421BCD}$　　　　B. $(65.4)_{16}$

    C. $(01\,010\,011.010\,1)_{2}$　　　　　　　D. $(35.8)_{8}$

1.4　与八进制数 $(47.3)_{8}$ 等值的数为 ____ 。

    A. $(1\,000\,111.001\,1)_{2}$　　　　　　　B. $(27.6)_{16}$

    C. $(27.3)_{16}$　　　　　　　　　　　　D. $(100\,111.11)_{2}$

1.5　为实现数据传输的总线结构，要选用 ____ 门电路。

    A. 或非　　　　　B. OC　　　　　C. 三态　　　　　D. 与或非

1.6　以下电路中可以实现"线与"功能的有 ____ 。

    A. 与非门　　　　　　　　　　　　　　B. 三态输出门

    C. 集电极开路门　　　　　　　　　　　D. 漏极开路门

1.7　对于 TTL 与非门闲置输入端的处理，可以 ____ 。

    A. 接电源　　　　　　　　　　　　　　B. 通过 3 kΩ 电阻接电源

    C. 接地　　　　　　　　　　　　　　　D. 与有用输入端并联

1.8　当逻辑函数有 $n$ 个变量时，共有 ____ 个变量取值组合?

    A. $n$　　　　　　B. $2n$　　　　　C. $n^2$　　　　　D. $2^n$

1.9　$F=A\bar{B}+BD+CDE+\bar{A}D=$ ____ 。

    A. $A\bar{B}+D$　　　　　　　　　　　　　B. $(A+\bar{B})D$

    C. $(A+D)\bar{B}$　　　　　　　　　　　D. $(A+D)(B+\bar{D})$

1.10　$A+BC=$ _____ 。

    A. $A+B$　　　　B. $A+C$　　　　C. $(A+B)(A+C)$　　D. $B+C$

1.11　函数 F(A,B,C) 中，符合逻辑相邻的是 ____ 。

    A. AB 和 $A\bar{B}$　　　　　　　　　　　B. ABC 和 $A\bar{B}$

    C. ABC 和 $AB\bar{C}$　　　　　　　　　　D. ABC 和 $A\bar{B}\bar{C}$

1.12　在 ____ 情况下，"与非"运算的结果是逻辑 0。

    A. 全部输入是 0　　　　　　　　　　　B. 任意一个输入是 0

    C. 仅一个输入是 0　　　　　　　　　　D. 全部输入是 1

二、填空题

1.13　数字信号的特点是在 _____ 上和 _____ 上都是断续变化的，其高电平和低电平常用 _____ 和 _____ 来表示。

1.14　在数字电路中，常用的计数制除十进制外，还有 _____ 、_____ 、_____ 。

1.15　$(10\,110\,010.101\,1)_2 = ($_____$)_8 = ($_____$)_{16}$

1.16　$(35.4)_8 = ($_____$)_2 = ($_____$)_{10} = ($_____$)_{16} = ($_____$)_{8421BCD}$

1.17　$(39.75)_{10} = ($_____$)_2 = ($_____$)_8 = ($_____$)_{16}$

1.18 $(5E.C)_{16}$=(_____)$_2$=(_____)$_8$=(_____)$_{10}$=(_____)$_{8421BCD}$

1.19 $(01111000)_{8421BCD}$=(_____)$_2$=(_____)$_8$=(_____)$_{10}$=(_____)$_{16}$

1.20 集电极开路门的英文缩写为_____门，工作时必须外加_____和_____。

1.21 OC 门称为_____门，多个 OC 门输出端并联到一起可实现_____功能。

1.22 三态门输出的三种状态分别为_____、_____和_____。

1.23 TTL、CMOS 电路的抗干扰能力是_____强于_____。

1.24 逻辑函数 $F=\overline{A}+B+\overline{CD}$ 的反函数 $\overline{F}$= _____。

1.25 逻辑函数 $F=A(B+C)\cdot 1$ 的对偶函数是_____。

1.26 添加项公式 $AB+\overline{A}C+BC=AB+\overline{A}C$ 的对偶式为_____。

### 三、应用题

1.27 分析图 1-56 所示电路中 $Y_2$ 的逻辑功能。

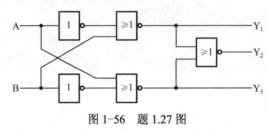

图 1-56　题 1.27 图

1.28 已知输入波形如图 1-57 所示，试画出其输出波形。

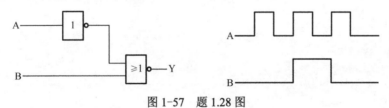

图 1-57　题 1.28 图

1.29 TTL 门电路如图 1-58（a）所示，加在输入端的波形如图 1-58（b）所示，画出输出 Y 的波形。

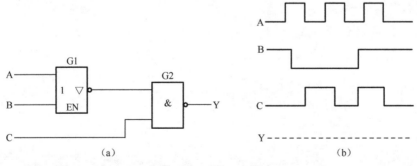

图 1-58　题 1.29 图

1.30 用卡诺图法将下列具有约束条件的逻辑函数化简为最简与或式。其中，$\sum d$ 为约束项之和。

$$F(A,B,C,D) = \sum m(1,3,4,7,13,14) + \sum d(2,5,12,15)$$

1.31 用卡诺图法将下列具有约束条件的逻辑函数化简为最简与或式。约束条件为
$$AB+AC=0, \quad F(A,B,C,D) = \sum m(2,3,4,6,8)$$

1.32 用卡诺图法化简下列函数为最简与或式。
$$F(A,B,C,D) = ABC + ABD + \overline{C}\overline{D} + A\overline{B}C + \overline{A}C\overline{D} + ACD$$

# 项目 2  编码器与译码器的功能测试与应用

在组合逻辑电路中有些逻辑电路经常大量地出现，实现独立的功能，为使用方便，将此类电路制作成集成电路产品。在这些产品中有许多具有特定组合逻辑功能的数字集成器件，称为组合逻辑器件（或组合逻辑部件）。编码器与译码器是常用的组合逻辑器件。本项目将介绍编码器、译码器的逻辑功能测试与应用。

## 2.1 编码器及其应用

计算机系统中，输入的文字、十进制数和运算符号的信息，要变换成若干位二进制代码后才能被计算机系统识别，然后发出操作指令。人们习惯用十进制数，而数字系统只识别二进制数，那么十进制数与二进制数之间就要相互转化。将二进制数按一定规则组成代码表示特定对象的过程，称为编码。实现编码功能的逻辑电路称为编码器。

在数字设备中，任何数据和信息都是用代码来表示的，所用的编码不同，实现这些编码的电路也不同，故编码器又可以分为二进制编码器、二-十进制编码器和优先编码器等。

### 2.1.1 二进制编码器

用 $n$ 位二进制代码对 $2^n$ 个信号进行编码的电路，称为二进制编码器。

现以 3 位二进制编码器为例，分析一下二进制编码器的工作原理。如图 2-1（a）所示为 3 位二进制编码器的框图。编码器有 8 个输入端 $I_0 \sim I_7$，且输入为高电平有效，每个时刻仅有 1 个输入端为高电平，可见输入共有 8 种组合，可以用 3 位二进制数来分别表示输入端的 8 种情况，也就是把每一种输入情况编成一个与之对应的 3 位二进制数，这就是 3 位二进制编码器，又称之为 8 线-3 线编码器。

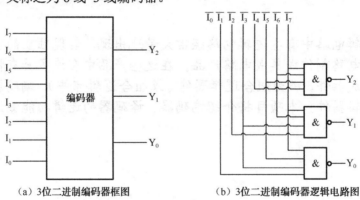

(a) 3位二进制编码器框图　　(b) 3位二进制编码器逻辑电路图

图 2-1　二进制编码器

3 位二进制编码器输入与输出的关系参见表 2-1。

表 2-1　3 位二进制编码器的真值表

| $I_0$ | $I_1$ | $I_2$ | $I_3$ | $I_4$ | $I_5$ | $I_6$ | $I_7$ | $Y_2$ | $Y_1$ | $Y_0$ |
|---|---|---|---|---|---|---|---|---|---|---|
| 1 | 0 | 0 | 0 | 0 | 0 | 0 | 0 | 0 | 0 | 0 |
| 0 | 1 | 0 | 0 | 0 | 0 | 0 | 0 | 0 | 0 | 1 |
| 0 | 0 | 1 | 0 | 0 | 0 | 0 | 0 | 0 | 1 | 0 |
| 0 | 0 | 0 | 1 | 0 | 0 | 0 | 0 | 0 | 1 | 1 |
| 0 | 0 | 0 | 0 | 1 | 0 | 0 | 0 | 1 | 0 | 0 |
| 0 | 0 | 0 | 0 | 0 | 1 | 0 | 0 | 1 | 0 | 1 |
| 0 | 0 | 0 | 0 | 0 | 0 | 1 | 0 | 1 | 1 | 0 |
| 0 | 0 | 0 | 0 | 0 | 0 | 0 | 1 | 1 | 1 | 1 |

由真值表可写出输出与输入的函数表达式，即

$$Y_2=I_4+I_5+I_6+I_7=\overline{\overline{I_4}\,\overline{I_5}\,\overline{I_6}\,\overline{I_7}}$$

$$Y_1=I_2+I_3+I_6+I_7=\overline{\overline{I_2}\,\overline{I_3}\,\overline{I_6}\,\overline{I_7}}$$

$$Y_0=I_1+I_3+I_5+I_7=\overline{\overline{I_1}\,\overline{I_3}\,\overline{I_5}\,\overline{I_7}}$$

根据上式可得图 2-1（b）所示的编码器逻辑电路，这个电路由三个与非门组成。

### 2.1.2 二-十进制编码器

将 0～9 十个十进制数码转换为二进制代码的逻辑电路，称为十进制编码器，又称为二-十进制编码器，也称为 10 线-4 线编码器。四位二进制代码共有 0000～1111 十六种状态，其中任何十种状态都可表示 0～9 十个数码，方案很多。最常用的是 8421 编码方式，就是在四位二进制代码的十六种状态中取出前面十种状态 0000～1001 表示 0～9 十个数码，后面六种状态 1010～1111 去掉。如图 2-2 所示为二-十进制编码器逻辑电路图。

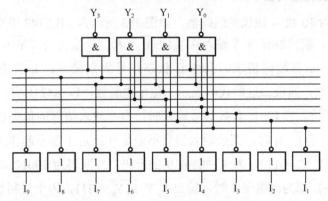

图 2-2 二-十进制编码器逻辑电路图

二-十进制编码器输入与输出的关系参见表 2-2。

表 2-2 二-十进制编码器的真值表

| 输 入 | | | | | | | | | | 输 出 | | | |
|---|---|---|---|---|---|---|---|---|---|---|---|---|---|
| $I_0$ | $I_1$ | $I_2$ | $I_3$ | $I_4$ | $I_5$ | $I_6$ | $I_7$ | $I_8$ | $I_9$ | $Y_3$ | $Y_2$ | $Y_1$ | $Y_0$ |
| 1 | 0 | 0 | 0 | 0 | 0 | 0 | 0 | 0 | 0 | 0 | 0 | 0 | 0 |
| 0 | 1 | 0 | 0 | 0 | 0 | 0 | 0 | 0 | 0 | 0 | 0 | 0 | 1 |
| 0 | 0 | 1 | 0 | 0 | 0 | 0 | 0 | 0 | 0 | 0 | 0 | 1 | 0 |
| 0 | 0 | 0 | 1 | 0 | 0 | 0 | 0 | 0 | 0 | 0 | 0 | 1 | 1 |
| 0 | 0 | 0 | 0 | 1 | 0 | 0 | 0 | 0 | 0 | 0 | 1 | 0 | 0 |
| 0 | 0 | 0 | 0 | 0 | 1 | 0 | 0 | 0 | 0 | 0 | 1 | 0 | 1 |
| 0 | 0 | 0 | 0 | 0 | 0 | 1 | 0 | 0 | 0 | 0 | 1 | 1 | 0 |
| 0 | 0 | 0 | 0 | 0 | 0 | 0 | 1 | 0 | 0 | 0 | 1 | 1 | 1 |
| 0 | 0 | 0 | 0 | 0 | 0 | 0 | 0 | 1 | 0 | 1 | 0 | 0 | 0 |
| 0 | 0 | 0 | 0 | 0 | 0 | 0 | 0 | 0 | 1 | 1 | 0 | 0 | 1 |

当编码器某一个输入信号为 1 而其他输入信号都为 0 时，则有一组对应的数码输出，如 $I_7=1$ 时，$Y_3 Y_2 Y_1 Y_0$=0111。输出数码各位的权从高位到低位分别为 8，4，2，1。因此，图 2-2 所示电路为 8421BCD 码编码器。由表 2-2 中可看出，编码器在任何时刻只能对一个输入信号进行编码，不允许有两个或两个以上的输入信号同时请求编码，否则输出编码会发生混乱。这就是说，该编码器输入 $I_0 \sim I_9$ 这 10 个编码信号是相互排斥的。

### 2.1.3 优先编码器

在普通编码器电路中，编码器输入的编码信号是相互排斥的，而优先编码器则将所有输入端按优先顺序排队，允许同时在两个或两个以上输入端上得到有效信号，此时仅对优先权最高的一个进行编码，而不对优先级低的请求进行编码，优先级别高的编码器信号排斥级别低的。优先权的顺序完全是根据实际需要来确定的。下面以二-十进制（8421）编码器 74LS147 和二进制编码器 74LS148 为例，介绍优先编码器。

#### 1. 二-十进制优先编码器 74LS147

74LS147 又称为 10 线-4 线优先编码器。如图 2-3 所示为 74LS147 引脚图及逻辑符号。

由图 2-3 可见，编码器有 9 个输入端（$\overline{I_1} \sim \overline{I_9}$）和四个输出端（$\overline{Y_3} \sim \overline{Y_0}$）。输入端低电平 0 有效，这时表示有编码请求。其中 $\overline{I_9}$ 状态信号级别最高，$\overline{I_1}$ 状态信号级别最低。$\overline{Y_3} \sim \overline{Y_0}$ 为编码输出端，四位二进制代码表示一位十进制数，以 8421BCD 反码输出，$\overline{Y_3}$ 为最高位，$\overline{Y_0}$ 为最低位。当 $\overline{I_1} \sim \overline{I_9}$ 有效信号输入时，根据输入信号的优先级别输出级别最高的信号编码。例如，当 $\overline{I_9}$=0 时，其余输入信号不论是 0 还是 1 都不起作用，电路只对 $\overline{I_9}$ 进行编码，输出 $\overline{Y_3} \overline{Y_2} \overline{Y_1} \overline{Y_0}$=0110，为十进制数 9 的反码，其原码为 1001。编码器没有 $\overline{I_0}$ 输入端，这是因为当 $\overline{I_1} \sim \overline{I_9}$ 都为高电平 1 时，输出 $\overline{Y_3} \overline{Y_2} \overline{Y_1} \overline{Y_0}$=1111，为十进制数 0 的反码，其原码为 0000，相当于输入 $\overline{I_0}$。因此，在逻辑功能示意图中没有输入端 $\overline{I_0}$。

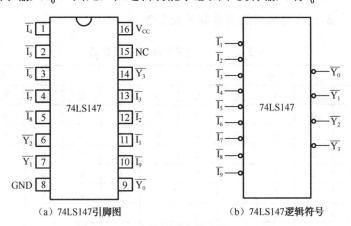

(a) 74LS147 引脚图　　　　(b) 74LS147 逻辑符号

图 2-3　二-十进制优先编码器 74LS147

74LS147 编码器的输入与输出关系参见表 2-3。

表 2-3　74LS147 优先编码器的真值表

| $\overline{I_1}$ | $\overline{I_2}$ | $\overline{I_3}$ | $\overline{I_4}$ | $\overline{I_5}$ | $\overline{I_6}$ | $\overline{I_7}$ | $\overline{I_8}$ | $\overline{I_9}$ | $\overline{Y_3}$ | $\overline{Y_2}$ | $\overline{Y_1}$ | $\overline{Y_0}$ |
|---|---|---|---|---|---|---|---|---|---|---|---|---|
| 1 | 1 | 1 | 1 | 1 | 1 | 1 | 1 | 1 | 1 | 1 | 1 | 1 |
| × | × | × | × | × | × | × | × | 0 | 0 | 1 | 1 | 0 |
| × | × | × | × | × | × | × | 0 | 1 | 0 | 1 | 1 | 1 |
| × | × | × | × | × | × | 0 | 1 | 1 | 1 | 0 | 0 | 0 |
| × | × | × | × | × | 0 | 1 | 1 | 1 | 1 | 0 | 0 | 1 |
| × | × | × | × | 0 | 1 | 1 | 1 | 1 | 1 | 0 | 1 | 0 |
| × | × | × | 0 | 1 | 1 | 1 | 1 | 1 | 1 | 0 | 1 | 1 |
| × | × | 0 | 1 | 1 | 1 | 1 | 1 | 1 | 1 | 1 | 0 | 0 |
| × | 0 | 1 | 1 | 1 | 1 | 1 | 1 | 1 | 1 | 1 | 0 | 1 |
| 0 | 1 | 1 | 1 | 1 | 1 | 1 | 1 | 1 | 1 | 1 | 1 | 0 |

### 2. 二进制优先编码器 74LS148

74LS148 是 8 线-3 线优先编码器，常用于优先中断系统和键盘编码。如图 2-4 所示为 74LS148 引脚图及逻辑符号。它有 8 个输入信号，3 位输出信号。由于是优先编码器，故允许多个输入信号同时有效，但只对其中优先级别最高的有效输入信号编码，而对级别较低的不响应。

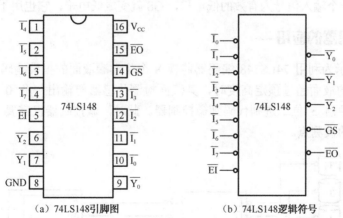

（a）74LS148引脚图　　　　（b）74LS148逻辑符号

图 2-4　二进制优先编码器 74LS148

74LS148 编码器输入与输出的关系参见表 2-4。

表 2-4　74LS148 编码器的真值表

| $\overline{EI}$ | $\overline{I_7}$ | $\overline{I_6}$ | $\overline{I_5}$ | $\overline{I_4}$ | $\overline{I_3}$ | $\overline{I_2}$ | $\overline{I_1}$ | $\overline{I_0}$ | $\overline{Y_2}$ | $\overline{Y_1}$ | $\overline{Y_0}$ | $\overline{GS}$ | $\overline{EO}$ |
|---|---|---|---|---|---|---|---|---|---|---|---|---|---|
| 1 | × | × | × | × | × | × | × | × | 1 | 1 | 1 | 1 | 1 |
| 0 | 1 | 1 | 1 | 1 | 1 | 1 | 1 | 1 | 1 | 1 | 1 | 1 | 0 |

续表

| $\overline{EI}$ | $\overline{I_7}$ | $\overline{I_6}$ | $\overline{I_5}$ | $\overline{I_4}$ | $\overline{I_3}$ | $\overline{I_2}$ | $\overline{I_1}$ | $\overline{I_0}$ | $\overline{Y_2}$ | $\overline{Y_1}$ | $\overline{Y_0}$ | $\overline{GS}$ | $\overline{EO}$ |
|---|---|---|---|---|---|---|---|---|---|---|---|---|---|
| 0 | 0 | × | × | × | × | × | × | × | 0 | 0 | 0 | 0 | 1 |
| 0 | 1 | 0 | × | × | × | × | × | × | 0 | 0 | 1 | 0 | 1 |
| 0 | 1 | 1 | 0 | × | × | × | × | × | 0 | 1 | 0 | 0 | 1 |
| 0 | 1 | 1 | 1 | 0 | × | × | × | × | 0 | 1 | 1 | 0 | 1 |
| 0 | 1 | 1 | 1 | 1 | 0 | × | × | × | 1 | 0 | 0 | 0 | 1 |
| 0 | 1 | 1 | 1 | 1 | 1 | 0 | × | × | 1 | 0 | 1 | 0 | 1 |
| 0 | 1 | 1 | 1 | 1 | 1 | 1 | 0 | × | 1 | 1 | 0 | 0 | 1 |
| 0 | 1 | 1 | 1 | 1 | 1 | 1 | 1 | 0 | 1 | 1 | 1 | 0 | 1 |

由图 2-4 可见，$\overline{I_0} \sim \overline{I_7}$ 为状态信号输入，其中 $\overline{I_7}$ 状态信号的优先级别最高，$\overline{I_0}$ 状态信号的优先级别最低，低电平为有效信号。$\overline{Y_2} \sim \overline{Y_0}$ 为编码输出端，以反码输出，$\overline{Y_2}$ 为最高位，$\overline{Y_0}$ 为最低位。$\overline{EI}$ 为使能输入端，当 $\overline{EI}=1$ 时，无论输入信号 $\overline{I_0} \sim \overline{I_7}$ 是什么，输出都是 1；当 $\overline{EI}=0$ 时，根据输入信号 $\overline{I_0} \sim \overline{I_7}$ 的优先级别编码。例如，74LS148 编码器的真值表 2-4 中第 3 行，输入信号 $\overline{I_7}$ 为有效低电平，则无论其他输入信号为低电平还是高电平，输出的 BCD 码均为 000，即数字 7 的反码。$\overline{EO}$ 为使能输出端，它只在允许编码（$\overline{EI}=0$），而且没有编码输入时为 0，如表 2-4 中第二行所示，主要用于级联和扩展。$\overline{GS}$ 用于标记输入信号是否有效。只要有一个输入信号为有效的低电平，$\overline{GS}$ 就变成低电平，它也用于编码器的级联。

### 2.1.4 编码器的应用

如图 2-5 所示为利用 74LS148 编码器监视 8 个化学罐液面的报警编码电路。若 8 个化学罐中任何一个的液面超过预定高度时，其液面检测传感器便输出一个 0 电平到编码器的输入端。编码器输出 3 位二进制代码到微控制器。此时，微控制器仅需要 3 根输入线就可以监视 8 个独立的被测点。

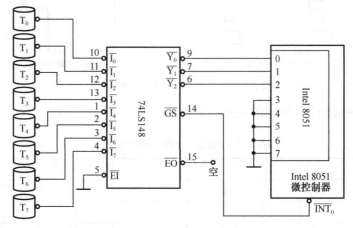

图 2-5 74LS148 编码器报警编码电路

## 项目2 编码器与译码器的功能测试与应用

这里用的是 Intel 8051 微控制器，它有 4 个输入/输出接口，我们使用其中的一个接口输入被编码的报警代码，并且利用中断输入 $INT_0$ 接收报警信号 $\overline{GS}$（$\overline{GS}$ 是编码器输入信号有效的标志输出，只要有一个输入信号为有效的低电平，$\overline{GS}$ 就变成低电平）。当 Intel 8051 在 $INT_0$ 端接收到一个 0 时，就运行报警处理程序并做出相应的反应，完成报警。

## 任务2-1 优先编码器 74LS147 逻辑功能仿真

### 1. 任务要求

在 Multisim 软件工作平台上完成二-十进制优先编码器 74LS147 逻辑功能仿真。

### 2. 测试步骤与要求

（1）从数字集成电路库中拖出 74LS147。
（2）从电源库中拖出电源 $V_{cc}$、接地。
（3）从基本元件库中拖出开关，将开关旋转方向后复制 9 个。
（4）从指示器件库中拖出逻辑指示灯，复制 4 个。
（5）如图 2-6 所示连接电路，检查电路无误后按下仿真开关进行测试。

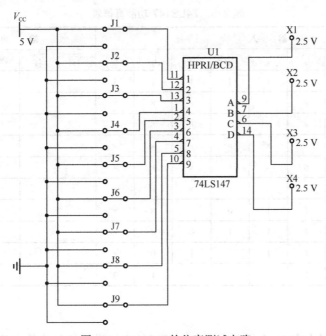

图 2-6 74LS147 的仿真测试电路

（6）当信号输入端开关全部接电源，即输入信号全部为高电平时，4 个逻辑指示灯全亮，表示 74LS147 逻辑输出为 1111。
（7）操作开关，使某个开关接地，即输入有效信号为低电平时，4 个逻辑指示灯显示相应输出的 8421 码的反码。
（8）操作开关，同时使两个以上的开关接地，可以看出译码显示为优先级别最高的数码，即只对优先级别最高的输入信号进行编码。

(9) 改变输入信号状态,重新做第(7)、(8)步。

(10) 检查仿真结果,验证 74LS147 对十进制数按优先级别编出 8421 反码的逻辑功能。

## 任务 2-2　优先编码器 74LS147 逻辑功能测试

### 1. 任务要求

在实验箱上完成二-十进制优先编码器 74LS147 逻辑功能测试。

### 2. 测试设备与器件

数字电路实验箱 1 台

数字万用表 1 块

### 3. 测试步骤与要求

(1) 将 74LS147 优先编码器输入端接至逻辑电平输入开关,四个输出端分别接逻辑电平指示灯。

(2) 按照表 2-5 设置 74LS147 输入端的状态,观察 74LS147 输出端的状态并记录。

表 2-5　74LS147 功能真值表

| 输入 | | | | | | | | | 输出 | | | | 十进制数 |
|---|---|---|---|---|---|---|---|---|---|---|---|---|---|
| $\bar{I}_9$ | $\bar{I}_8$ | $\bar{I}_7$ | $\bar{I}_6$ | $\bar{I}_5$ | $\bar{I}_4$ | $\bar{I}_3$ | $\bar{I}_2$ | $\bar{I}_1$ | $\bar{Y}_3$ | $\bar{Y}_2$ | $\bar{Y}_1$ | $\bar{Y}_0$ | |
| 1 | 1 | 1 | 1 | 1 | 1 | 1 | 1 | 1 | | | | | |
| 0 | × | × | × | × | × | × | × | × | | | | | |
| 1 | 0 | × | × | × | × | × | × | × | | | | | |
| 1 | 1 | 0 | × | × | × | × | × | × | | | | | |
| 1 | 1 | 1 | 0 | × | × | × | × | × | | | | | |
| 1 | 1 | 1 | 1 | 0 | × | × | × | × | | | | | |
| 1 | 1 | 1 | 1 | 1 | 0 | × | × | × | | | | | |
| 1 | 1 | 1 | 1 | 1 | 1 | 0 | × | × | | | | | |
| 1 | 1 | 1 | 1 | 1 | 1 | 1 | 0 | × | | | | | |
| 1 | 1 | 1 | 1 | 1 | 1 | 1 | 1 | 0 | | | | | |

### 思考题 2-1

(1) 若在编码器中有 50 个编码对象,则要求输出二进制代码位数为几位?

## 2.2　译码器及其应用

将表示特定意义信息的二进制代码翻译出来的过程,称为译码。实现译码功能的逻辑电路称为译码器,它的输入是一组二进制代码,输出是一组高、低电平信号。每输入一组不同的代码,只有一个输出呈现有效状态。译码是编码的逆过程。

译码器在各种数字仪器中被广泛使用。在计算机中普遍使用的地址译码器、指令译码器，在数字通信设备中广泛使用的多路分配器、规则码发生器等，也都是由译码器构成的。

用 $n$ 位二进制代码可以表示 $2^n$ 个信号，则对 $n$ 位二进制代码译码时，应由 $2^n \geq N$ 来确定译码信号位数 $N$。根据译码信号的特点可把译码器分为二进制译码器、二-十进制译码器、显示译码器等。

### 2.2.1 二进制译码器

二进制译码器是把二进制代码的所有组合状态都翻译出来的电路。如果输入信号有 $n$ 位二进制代码，输出信号为 $N$ 个，则 $N=2^n$。二进制译码器又称为完全译码器，是使用最为广泛的一种将 $n$ 个输入变为 $2^n$ 个输出的多输出端组合逻辑电路，每个输出端对应于一个最小项表达式（或最小项表达式的"非"表达式），因此又可以称为最小项译码器、最小项发生器电路。常见的二进制译码器有 2 线-4 线译码器、3 线-8 线译码器、4 线-16 线译码器等。

下面以常用的 74LS138 为例讨论二进制译码器。该译码器有 3 个输入端 $A_2$、$A_1$、$A_0$ 和 8 个输出端 $\overline{Y_0} \sim \overline{Y_7}$，故称为 3 线-8 线译码器，如图 2-7 所示。

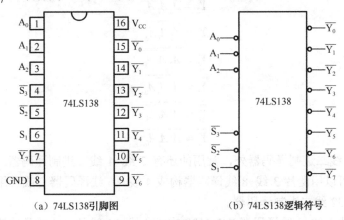

（a）74LS138 引脚图　　　　（b）74LS138 逻辑符号

图 2-7　二进制译码器 74LS138

三个输入端 $A_2$、$A_1$、$A_0$ 输入的是二进制代码；输出端 $\overline{Y_0} \sim \overline{Y_7}$ 低电平有效；$S_1$、$\overline{S_2}$、$\overline{S_3}$ 都是使能端。74LS138 译码器的输入与输出关系参见表 2-6。

表 2-6　74LS138 译码器的真值表

| 输入 | | | | | 输出 | | | | | | | |
|---|---|---|---|---|---|---|---|---|---|---|---|---|
| $S_1$ | $\overline{S_2}+\overline{S_3}$ | $A_2$ | $A_1$ | $A_0$ | $\overline{Y_0}$ | $\overline{Y_1}$ | $\overline{Y_2}$ | $\overline{Y_3}$ | $\overline{Y_4}$ | $\overline{Y_5}$ | $\overline{Y_6}$ | $\overline{Y_7}$ |
| 0 | × | × | × | × | 1 | 1 | 1 | 1 | 1 | 1 | 1 | 1 |
| × | 1 | × | × | × | 1 | 1 | 1 | 1 | 1 | 1 | 1 | 1 |
| 1 | 0 | 0 | 0 | 0 | 0 | 1 | 1 | 1 | 1 | 1 | 1 | 1 |
| 1 | 0 | 0 | 0 | 1 | 1 | 0 | 1 | 1 | 1 | 1 | 1 | 1 |
| 1 | 0 | 0 | 1 | 0 | 1 | 1 | 0 | 1 | 1 | 1 | 1 | 1 |
| 1 | 0 | 0 | 1 | 1 | 1 | 1 | 1 | 0 | 1 | 1 | 1 | 1 |
| 1 | 0 | 1 | 0 | 0 | 1 | 1 | 1 | 1 | 0 | 1 | 1 | 1 |

续表

| $S_1$ | $\overline{S_2}+\overline{S_3}$ | $A_2$ | $A_1$ | $A_0$ | $\overline{Y_0}$ | $\overline{Y_1}$ | $\overline{Y_2}$ | $\overline{Y_3}$ | $\overline{Y_4}$ | $\overline{Y_5}$ | $\overline{Y_6}$ | $\overline{Y_7}$ |
|---|---|---|---|---|---|---|---|---|---|---|---|---|
| 1 | 0 | 1 | 0 | 1 | 1 | 1 | 1 | 1 | 1 | 0 | 1 | 1 |
| 1 | 0 | 1 | 1 | 0 | 1 | 1 | 1 | 1 | 1 | 1 | 0 | 1 |
| 1 | 0 | 1 | 1 | 1 | 1 | 1 | 1 | 1 | 1 | 1 | 1 | 0 |

由表 2-6 可知，当 $S_1=0$ 时，无论其他输入信号是什么，输出都是高电平，即无效信号。当 $\overline{S_2}+\overline{S_3}=1$ 时，输出也都是无效信号。当 $S_1=1$，$\overline{S_2}+\overline{S_3}=0$ 时，输出信号 $\overline{Y_0} \sim \overline{Y_7}$ 才取决于输入信号的 $A_2$，$A_1$，$A_0$ 组合。输出信号为低电平有效。

输出逻辑函数式为

$$\overline{Y_0} = \overline{\overline{A_2}\,\overline{A_1}\,\overline{A_0}}$$
$$\overline{Y_1} = \overline{\overline{A_2}\,\overline{A_1}\,A_0}$$
$$\overline{Y_2} = \overline{\overline{A_2}\,A_1\,\overline{A_0}}$$
$$\overline{Y_3} = \overline{\overline{A_2}\,A_1\,A_0}$$
$$\overline{Y_4} = \overline{A_2\,\overline{A_1}\,\overline{A_0}}$$
$$\overline{Y_5} = \overline{A_2\,\overline{A_1}\,A_0}$$
$$\overline{Y_6} = \overline{A_2\,A_1\,\overline{A_0}}$$
$$\overline{Y_7} = \overline{A_2\,A_1\,A_0}$$

除了 3 线-8 线二进制译码器外，常用的还有 2 线-4 线二进制译码器、4 线-16 线二进制译码器等。也可以用两片 3 线-8 线译码器构成 4 线-16 线译码器，或者用两片 4 线-16 线译码器构成 5 线-32 线二进制译码器。

例如，用两片 3 线-8 线译码器 74LS138 构成 4 线-16 线译码器的具体连接电路如图 2-8 所示。

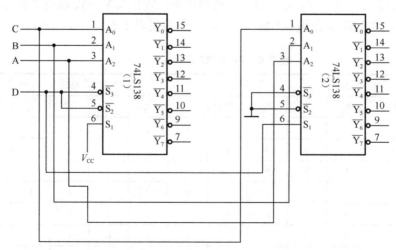

图 2-8  两片 3 线-8 线译码器 74LS138 扩展成 4 线-16 线译码器

4 位输入变量 A，B，C，D 中的 D 接到 74LS138（1）的 $\overline{S_2}$、$\overline{S_3}$ 和 74LS138（2）的 $S_1$，其他 3 位输入变量 A，B，C 分别接两片 74LS138 的变量输入端 $A_2$，$A_1$，$A_0$。片（1）中的 $\overline{Y_0} \sim \overline{Y_7}$ 对应 4 线-16 线译码器的输出端 $\overline{Y_0} \sim \overline{Y_7}$，片（2）中的 $\overline{Y_0} \sim \overline{Y_7}$ 对应 4 线-16 线译码器的输出端 $\overline{Y_8} \sim \overline{Y_{15}}$。

由图 2-8 可知，当 D=0 时，片（2）被禁止，片（1）工作，由 A，B，C 决定 $\overline{Y_0} \sim \overline{Y_7}$ 的状态，当 D=1 时，片（1）被禁止，片（2）工作，由 A，B，C 决定 $\overline{Y_8} \sim \overline{Y_{15}}$ 的状态，因此，片（1）和片（2）构成了 4 线-16 线译码器。

### 2.2.2 二-十进制译码器

将 4 位十进制代码翻译成 1 位十进制数字的电路就是二-十进制译码器，又称为 BCD-十进制译码器。其输入信号有 4 位二进制代码，输出信号为 10 个，$10<2^4$，故二-十进制译码器是不完全译码器。74LS42BCD-十进制译码器的输入输出关系参见表 2-7。

**表 2-7 74LS42BCD-十进制译码器的真值表**

| 十进制数 | 输入 | | | | 输出 | | | | | | | | | |
|---|---|---|---|---|---|---|---|---|---|---|---|---|---|---|
| | $A_3$ | $A_2$ | $A_1$ | $A_0$ | $\overline{Y_0}$ | $\overline{Y_1}$ | $\overline{Y_2}$ | $\overline{Y_3}$ | $\overline{Y_4}$ | $\overline{Y_5}$ | $\overline{Y_6}$ | $\overline{Y_7}$ | $\overline{Y_8}$ | $\overline{Y_9}$ |
| 0 | 0 | 0 | 0 | 0 | 0 | 1 | 1 | 1 | 1 | 1 | 1 | 1 | 1 | 1 |
| 1 | 0 | 0 | 0 | 1 | 1 | 0 | 1 | 1 | 1 | 1 | 1 | 1 | 1 | 1 |
| 2 | 0 | 0 | 1 | 0 | 1 | 1 | 0 | 1 | 1 | 1 | 1 | 1 | 1 | 1 |
| 3 | 0 | 0 | 1 | 1 | 1 | 1 | 1 | 0 | 1 | 1 | 1 | 1 | 1 | 1 |
| 4 | 0 | 1 | 0 | 0 | 1 | 1 | 1 | 1 | 0 | 1 | 1 | 1 | 1 | 1 |
| 5 | 0 | 1 | 0 | 1 | 1 | 1 | 1 | 1 | 1 | 0 | 1 | 1 | 1 | 1 |
| 6 | 0 | 1 | 1 | 0 | 1 | 1 | 1 | 1 | 1 | 1 | 0 | 1 | 1 | 1 |
| 7 | 0 | 1 | 1 | 1 | 1 | 1 | 1 | 1 | 1 | 1 | 1 | 0 | 1 | 1 |
| 8 | 1 | 0 | 0 | 0 | 1 | 1 | 1 | 1 | 1 | 1 | 1 | 1 | 0 | 1 |
| 9 | 1 | 0 | 0 | 1 | 1 | 1 | 1 | 1 | 1 | 1 | 1 | 1 | 1 | 0 |
| 无效 | 1 | 0 | 1 | 0 | 1 | 1 | 1 | 1 | 1 | 1 | 1 | 1 | 1 | 1 |
| | 1 | 0 | 1 | 1 | 1 | 1 | 1 | 1 | 1 | 1 | 1 | 1 | 1 | 1 |
| | 1 | 1 | 0 | 0 | 1 | 1 | 1 | 1 | 1 | 1 | 1 | 1 | 1 | 1 |
| | 1 | 1 | 0 | 1 | 1 | 1 | 1 | 1 | 1 | 1 | 1 | 1 | 1 | 1 |
| | 1 | 1 | 1 | 0 | 1 | 1 | 1 | 1 | 1 | 1 | 1 | 1 | 1 | 1 |
| | 1 | 1 | 1 | 1 | 1 | 1 | 1 | 1 | 1 | 1 | 1 | 1 | 1 | 1 |

由表可见，该译码器有 4 个输入端 $A_3$，$A_2$，$A_1$，$A_0$，并且按 8421BCD 编码输入数据；有 10 个输出端 $\overline{Y_0} \sim \overline{Y_9}$，分别与十进制数 0～9 相对应，且低电平有效。对于某个 8421BCD 码的输入，相应的输出端为低电平，其他输出端为高电平。当输入的二进制数超过 BCD 码时，所有输出端都输出高电平，为无效状态。74LS42 二-十进制译码器的引脚与逻辑符号如图 2-9 所示。

数字电子技术实践

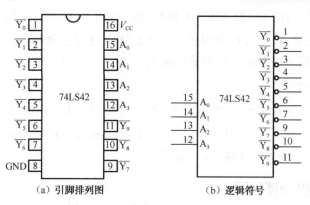

(a) 引脚排列图　　　　　　　　(b) 逻辑符号

图 2-9　二-十进制译码器 74LS42

通常也可用 4 线-16 线译码器（如 74LS154）实现二-十进制译码器。如果采用 8421BCD 编码表示十进制数，译码时只需取 74LS154 的前 10 个输出信号就可表示十进制数的 0～9；如果采用余 3 码，译码器需输出表示十进制数的 3～12；如果采用其他形式的 BCD 码，可根据需要选择输出信号。

### 2.2.3　显示译码器

将输入的二进制码转换为能控制发光二极管（LED）显示器、液晶（LCD）显示器及荧光数码管等显示器件的信号，以实现数字及符号的显示电路称为显示译码器。显示译码器主要由译码和驱动电路组成，所以通常又称为显示译码驱动器。

#### 1. 七段显示数码管

目前常用的数码显示器件有发光二极管（LED）组成的七段显示数码管。它由 a，b，c，d，e，f，g 七段发光段组成。根据需要，让其中的某些段发光，即可显示数字 0～9 十进制数和一个小数点，如图 2-10 所示。

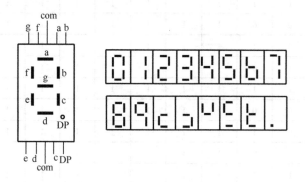

图 2-10　七段显示数码管

七段数码管可以是共阴极结构，也可以是共阳极结构。图 2-11（a）所示为共阳极连接方式，图 2-11（b）所示为共阴极连接方式。

由图可见，若显示器为共阳极连接时，则对应阴极接低电平的字段发光；若显示器为共阴极连接，则对应阳极接高电平的字段发光。

项目2 编码器与译码器的功能测试与应用

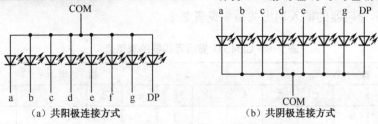

(a) 共阳极连接方式　　　　　(b) 共阴极连接方式

图 2-11　七段数码管的两种内部连接方式

小型数码管（0.5 英寸和 0.36 英寸）每段发光二极管的正向压降，随显示光（通常为红、绿、黄、橙色）的颜色不同略有差别，通常约为 2～2.5 V，每个发光二极管的点亮电流为 5～10 mA。LED 数码管要显示 BCD 码所表示的十进制数字就需要有一个专门的译码器，该译码器不但要完成译码功能，还要有相当的驱动能力。

**2. BCD 码-七段码译码器 CD4511**

常用的显示译码器型号有 74LS47、74LS48、CD4511 等，此处重点介绍 CD4511 BCD 码锁存/七段译码/驱动器。CD4511 是一个用于驱动共阴极 LED 显示数码管的 BCD-七段码译码器，特点如下：

（1）具有 BCD 转换、消隐和锁存控制；

（2）七段译码及驱动功能的 CMOS 电路能提供较大的拉电流；

（3）可直接驱动 LED 显示器；

（4）拒伪码功能，当输入码超过 1001 时，输出全为 0，数码管熄灭。

CD4511 显示译码器的引脚如图 2-12 所示，其各引脚功能介绍如下：

（1）D，C，B，A：8421BCD 码输入端。

（2）a，b，c，d，e，f，g：译码输出端，输出为高电平 1 有效。

（3）$\overline{LT}$：测试输入端。当 $\overline{LT}$=0 时，译码输出全为 1，不管输入 D，C，B，A 状态如何，七段均发亮，显示数字"8"。它主要用来检测数码管是否损坏。

（4）$\overline{BL}$：消隐输入控制端。当 $\overline{BL}$=0，$\overline{LT}$=1 时，不管其他输入端状态如何，七段数码管均处于熄灭（消隐）状态，不显示任何数字。

（5）LE：锁定控制端。当 LE=0 时，允许译码输出；当 LE=1 时，译码器是锁定保持状态，译码器输出被保持在 LE=0 时的数值。

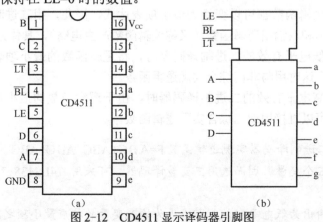

(a)　　　　　　　　　(b)

图 2-12　CD4511 显示译码器引脚图

CD4511 显示译码器的输入输出关系参见表 2-8。

表 2-8 CD4511 显示译码器的真值表

| 输入 | | | | | | | 输出 | | | | | | | 显示 |
|---|---|---|---|---|---|---|---|---|---|---|---|---|---|---|
| LE | $\overline{BL}$ | $\overline{LT}$ | D | C | B | A | a | b | c | d | e | f | g | |
| × | × | 0 | × | × | × | × | 1 | 1 | 1 | 1 | 1 | 1 | 1 | 8 |
| × | 0 | 1 | × | × | × | × | 0 | 0 | 0 | 0 | 0 | 0 | 0 | 消隐 |
| 0 | 1 | 1 | 0 | 0 | 0 | 0 | 1 | 1 | 1 | 1 | 1 | 1 | 0 | 0 |
| 0 | 1 | 1 | 0 | 0 | 0 | 1 | 0 | 1 | 1 | 0 | 0 | 0 | 0 | 1 |
| 0 | 1 | 1 | 0 | 0 | 1 | 0 | 1 | 1 | 0 | 1 | 1 | 0 | 1 | 2 |
| 0 | 1 | 1 | 0 | 0 | 1 | 1 | 1 | 1 | 1 | 1 | 0 | 0 | 1 | 3 |
| 0 | 1 | 1 | 0 | 1 | 0 | 0 | 0 | 1 | 1 | 0 | 0 | 1 | 1 | 4 |
| 0 | 1 | 1 | 0 | 1 | 0 | 1 | 1 | 0 | 1 | 1 | 0 | 1 | 1 | 5 |
| 0 | 1 | 1 | 0 | 1 | 1 | 0 | 0 | 0 | 1 | 1 | 1 | 1 | 1 | 6 |
| 0 | 1 | 1 | 0 | 1 | 1 | 1 | 1 | 1 | 1 | 0 | 0 | 0 | 0 | 7 |
| 0 | 1 | 1 | 1 | 0 | 0 | 0 | 1 | 1 | 1 | 1 | 1 | 1 | 1 | 8 |
| 0 | 1 | 1 | 1 | 0 | 0 | 1 | 1 | 1 | 1 | 1 | 0 | 1 | 1 | 9 |
| 0 | 1 | 1 | 1 | 0 | 1 | 0 | 0 | 0 | 0 | 0 | 0 | 0 | 0 | 消隐 |
| 0 | 1 | 1 | 1 | 0 | 1 | 1 | 0 | 0 | 0 | 0 | 0 | 0 | 0 | 消隐 |
| 0 | 1 | 1 | 1 | 1 | 0 | 0 | 0 | 0 | 0 | 0 | 0 | 0 | 0 | 消隐 |
| 0 | 1 | 1 | 1 | 1 | 0 | 1 | 0 | 0 | 0 | 0 | 0 | 0 | 0 | 消隐 |
| 0 | 1 | 1 | 1 | 1 | 1 | 0 | 0 | 0 | 0 | 0 | 0 | 0 | 0 | 消隐 |
| 0 | 1 | 1 | 1 | 1 | 1 | 1 | 0 | 0 | 0 | 0 | 0 | 0 | 0 | 消隐 |
| 1 | 1 | 1 | × | × | × | × | 锁存 | | | | | | | 锁存 |

### 2.2.4 译码器的应用

**1. 用二进制译码器实现逻辑函数**

由于任何一个逻辑函数都可以变换为最小项表达式，因此，用二进制译码器和门电路可很方便实现单输出和双输出逻辑函数（又称逻辑函数产生电路），具体方法如下：

（1）选出输出低电平有效的二进制译码器时，将逻辑函数的最小项表达式二次求非，变换为与非表达式，这时用与非门综合实现逻辑函数。

（2）选出输出高电平有效的二进制译码器时，由于逻辑函数的最小项表达式为标准与或表达式，因此，可以直接用或门综合实现逻辑函数。

**实例 2-1** 用二进制译码器实现逻辑函数 $F=\overline{A}\,\overline{B}C+\overline{A}B\overline{C}+A\overline{B}\,\overline{C}+ABC$。

**解**：（1）F 有三个变量，因而选用三变量译码器。可采用 74LS138 3 线-8 线译码器实现以上逻辑函数。

（2）74LS138 输出为低电平有效，即输出为输入变量的相应最小项之非，故先将逻辑函

## 项目2 编码器与译码器的功能测试与应用

数式F写成最小项之非的形式。由德·摩根定理得

$$F=\overline{\overline{\overline{ABC}}\cdot\overline{\overline{A\overline{B}C}}\cdot\overline{\overline{AB\overline{C}}}\cdot\overline{\overline{ABC}}}$$

（3）变量A，B，C分别接三变量译码器的$A_2$，$A_1$，$A_0$端，则有

$$F=\overline{\overline{\overline{ABC}}\cdot\overline{\overline{A\overline{B}C}}\cdot\overline{\overline{AB\overline{C}}}\cdot\overline{\overline{ABC}}}=\overline{\overline{Y_0}\cdot\overline{Y_2}\cdot\overline{Y_4}\cdot\overline{Y_7}}$$

用三变量译码器74LS138实现以上逻辑函数的电路图，如图2-13所示。

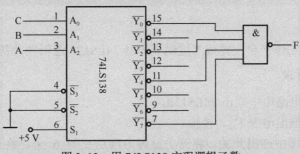

图2-13 用74LS138实现逻辑函数

**2. 用二进制译码器构成数据分配器或时钟分配器**

数据分配器也称为多路分配器，它可以按地址的要求将1路输入数据分配到多输出通道中某一个特定输出通道中去。实用中可以利用译码器充当数据分配器。例如，用2线-4线译码器充当4路数据分配器，3线-8线译码器充当8路数据分配器，等等。下面举例说明。

将带使能端的3线-8线译码器74LS138改作8路数据分配器的电路如图2-14（a）所示。译码器使能端作为分配器的数据输入端，译码器的输入端作为分配器的地址码输入端，译码器的输出端作为分配器的输出端。这样分配器就会根据所输入的地址码将输入数据分配到地址码所指定的输出通道中。

例如，要将输入信号序列00100100分配到$\overline{Y_0}$通道中输出，只要使地址码$X_2X_1X_0=$000，输入信号从D端输入，$\overline{Y_0}$端即可得到和输入信号相同的信号序列，其波形图如图2-14（b）所示。此时，其余输出端均为高电平。若要将输入信号分配到$\overline{Y_1}$通道中输出，只要将地址码变为001即可。以此类推，只要改变地址码，就可以把输入信号分配到任何一个输出端输出。

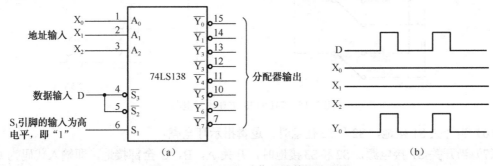

图2-14 74LS138改作8路数据分配器

74LS138作分配器时，按图2-14（a）接法可得到数据的原码输出。若将数据加到$S_1$

端，而 $\overline{S_2}$ 和 $\overline{S_3}$ 接地，则输出端得到该数据的反码。

在图 2-14（a）中，如果 D 输入的是时钟脉冲，则该电路可将时钟脉冲分配到 $\overline{Y_0} \sim \overline{Y_7}$ 的某一个通道中输出，从而构成时钟脉冲分配器。

## 任务2-3　译码器74LS138逻辑功能仿真

### 1. 任务要求

在 Multisim 软件工作平台上完成二进制译码器 74LS138 逻辑功能仿真。

### 2. 测试步骤与要求

（1）从数字集成电路库中拖出 74LS138。

（2）从电源库中拖出电源 $V_{cc}$、接地。

（3）从基本元件库中拖出开关，将开关旋转方向后复制 6 个，将开关的操作键定义为 A，B，C，S1，S2，S3。

（4）从指示器件库中拖出逻辑指示灯，复制 8 个。

（5）如图 2-15 所示连接电路，检查电路无误后按下仿真开关进行测试。

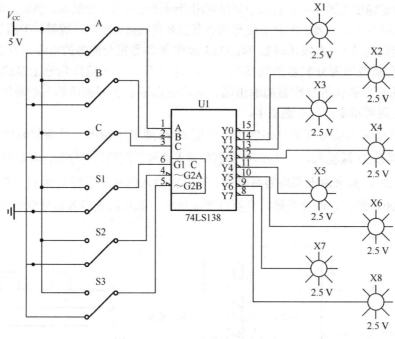

图 2-15　74LS138仿真测试电路

（6）当开关 S1 接地，$\overline{S2}$ 和 $\overline{S3}$ 任意时，逻辑指示灯全亮。

（7）当开关 S1 接电源，$\overline{S2}$ 和 $\overline{S3}$ 接地时，开关 A，B，C 全部接地，即输入代码为 000 时，$Y_0$ 对应的逻辑指示灯灭。

（8）当开关 S1 接电源，$\overline{S2}$ 和 $\overline{S3}$ 接地时，开关 A，B，C 全部断开，即输入代码为 111 时，$Y_7$ 对应的逻辑指示灯灭。

(9) 当开关 S1 接电源，$\overline{S2}$ 和 $\overline{S3}$ 接地时，操作开关 A，B，C，输入不同的代码，显示相应的逻辑输出状态。

(10) 改变输入信号状态，重新做第（9）步。

(11) 检查仿真结果是否符合 74LS138 的逻辑功能。

## 任务 2-4　译码器 74LS138 逻辑功能测试

### 1. 任务要求

在实验箱上完成二进制译码器 74LS138 逻辑功能测试。

### 2. 测试设备与器件

数字电路实验箱 1 台
数字万用表 1 块

### 3. 测试步骤与要求

（1）将译码器的使能端 $S_1$、$\overline{S_2}$、$\overline{S_3}$ 以及输入端 $A_2$、$A_1$、$A_0$ 接至逻辑电平输入开关，输出端 $\overline{Y_0} \sim \overline{Y_7}$ 接逻辑电平指示灯。

（2）检查接线无误后，打开电源。

（3）将 $S_1$ 接低电平，任意改变其他输入端状态，观察输出端状态的变化情况，并将观察结果记入表 2-9 中。

（4）将 $\overline{S_2}$、$\overline{S_3}$ 中的任意一个接高电平，任意改变其他输入端状态，观察输出端状态的变化情况，并将观察结果记入表 2-9 中。

（5）将 $S_1$ 接高电平，将 $\overline{S_2}$、$\overline{S_3}$ 同时接低电平，改变输入端 $A_2$、$A_1$、$A_0$ 状态，观察输出端状态的变化情况，并将观察结果记入表 2-9 中。

表 2-9　74LS138 逻辑功能的测试

| 输　　入 | | | | | 输　　出 | | | | | | | |
|---|---|---|---|---|---|---|---|---|---|---|---|---|
| $S_1$ | $\overline{S_2}+\overline{S_3}$ | $A_2$ | $A_1$ | $A_0$ | $\overline{Y_0}$ | $\overline{Y_1}$ | $\overline{Y_2}$ | $\overline{Y_3}$ | $\overline{Y_4}$ | $\overline{Y_5}$ | $\overline{Y_6}$ | $\overline{Y_7}$ |
| 0 | × | × | × | × | | | | | | | | |
| × | 1 | × | × | × | | | | | | | | |
| 1 | 0 | 0 | 0 | 0 | | | | | | | | |
| 1 | 0 | 0 | 0 | 1 | | | | | | | | |
| 1 | 0 | 0 | 1 | 0 | | | | | | | | |
| 1 | 0 | 0 | 1 | 1 | | | | | | | | |
| 1 | 0 | 1 | 0 | 0 | | | | | | | | |
| 1 | 0 | 1 | 0 | 1 | | | | | | | | |
| 1 | 0 | 1 | 1 | 0 | | | | | | | | |
| 1 | 0 | 1 | 1 | 1 | | | | | | | | |

## 任务 2-5　LED 数码管与显示译码器功能测试

### 1. 任务要求

利用万用表进行 LED 七段数码管的判别，并在实验箱上利用 CD4511 驱动 LED 七段数码管显示。

### 2. LED 七段数码管的判别

用数字万用表判别七段数码管的步骤与要求如下所述。

1）共阳共阴数码管的判别

七段数码管共有 10 个引脚，其中两个引脚是相通的公共端。这两个引脚可能是两个地端（共阴极），也可能是两个 $V_{cc}$ 端（共阳极）。将数字万用表置于二极管挡位，红表笔搭在数码管任意引脚上，黑表笔在所有其他引脚上一一扫过，如果此时数码管有一段亮，则将黑表笔固定在该引脚上，将红表笔从其他引脚上一一扫过，看是不是每段数码管都亮。如果是，此时黑表笔搭的这一引脚就是公共端，数码管是共阴极的。如果数码管不亮，则将红黑表笔换一下，操作同上，效果也同上，这时数码管是共阳极的。

2）字段引脚判别

将共阴极数码管公共端和万用表的黑表笔相接触，万用表的红表笔接触七段引脚之一，则根据发光情况可以判别出 a，b，c 等七段。对于共阳极数码管，先将它的公共端和万用表的红表笔相接触，万用表的黑表笔分别接数码管各字段引脚，则七段之一分别发光，从而判断之。

### 3. 显示译码器驱动 LED 数码管显示

在实验箱上利用 CD4511 驱动 LED 七段数码管显示的步骤与要求如下所述。

（1）按图 2-16 接好测试电路。其中 CD4511 各输入端接至逻辑电平输入开关，数码管利用数字电路实验箱中的数码管。

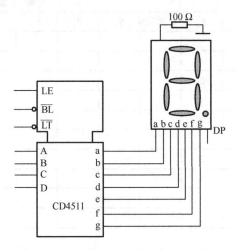

图 2-16　CD4511 及数码管功能测试电路

(2) 检查接线无误后，打开电源。

(3) $\overline{LT}$ 接低电平，任意改变其他输入端的状态（但不悬空）观察输出端的状态及数码管显示状态的变化，并将观察结果记录于表 2-10 中。

(4) $\overline{LT}$ 接高电平，$\overline{BL}$ 接低电平，任意改变其他输入端的状态，观察输出端的状态及数码管显示状态的变化，并将观察结果记录于表 2-10 中。

(5) $\overline{LT}$ 接高电平，$\overline{BL}$ 接高电平，LE 接低电平，改变 A，B，C，D 的状态观察 a~g 输出端的状态及数码管显示状态的变化，并将观察结果记录于表 2-10 中。

(6) $\overline{LT}$ 和 $\overline{BL}$ 接高电平，LE 从低电平改接高电平，改变 A，B，C，D 的状态观察输出端的状态及数码管显示状态的变化，并将观察结果记录于表 2-10 中。

表 2-10　CD4511 及数码管功能测试表

| $\overline{LT}$ | $\overline{BL}$ | LE | D | C | B | A | a | b | c | d | e | f | g | 数码管显示 |
|---|---|---|---|---|---|---|---|---|---|---|---|---|---|---|
| 0 | × | × | × | × | × | × | | | | | | | | |
| 1 | 0 | × | × | × | × | × | | | | | | | | |
| 1 | 1 | 0 | 0 | 0 | 0 | 0 | | | | | | | | |
| 1 | 1 | 0 | 0 | 0 | 0 | 1 | | | | | | | | |
| 1 | 1 | 0 | 0 | 0 | 1 | 0 | | | | | | | | |
| 1 | 1 | 0 | 0 | 0 | 1 | 1 | | | | | | | | |
| 1 | 1 | 0 | 0 | 1 | 0 | 0 | | | | | | | | |
| 1 | 1 | 0 | 0 | 1 | 0 | 1 | | | | | | | | |
| 1 | 1 | 0 | 0 | 1 | 1 | 0 | | | | | | | | |
| 1 | 1 | 0 | 0 | 1 | 1 | 1 | | | | | | | | |
| 1 | 1 | 0 | 1 | 0 | 0 | 0 | | | | | | | | |
| 1 | 1 | 0 | 1 | 0 | 0 | 1 | | | | | | | | |
| 1 | 1 | 0 | 1 | 0 | 1 | 0 | | | | | | | | |
| 1 | 1 | 0 | 1 | 0 | 1 | 1 | | | | | | | | |
| 1 | 1 | 0 | 1 | 1 | 0 | 0 | | | | | | | | |
| 1 | 1 | 0 | 1 | 1 | 0 | 1 | | | | | | | | |
| 1 | 1 | 0 | 1 | 1 | 1 | 0 | | | | | | | | |
| 1 | 1 | 0 | 1 | 1 | 1 | 1 | | | | | | | | |
| 1 | 1 | 1 | × | × | × | × | | | | | | | | |

(7) 按图 2-17 接好测试电路；其中 74LS147 各输入端接至逻辑电平输入开关，数码管利用数字电路实验箱中的数码管。

(8) 设置 74LS147 输入端的状态，观察 74LS147 输出端状态及 LED 数码管所显示的变化情况，并记录。

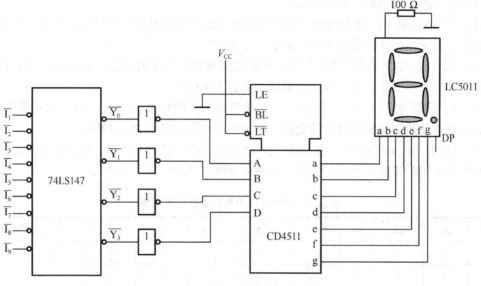

图 2-17 编译码及数码管功能测试电路

## 知识梳理与总结

（1）用二进制代码表示特定对象的过程称为编码；实现编码操作的电路称为编码器。编码器分二进制编码器和十进制编码器，各种编码器的工作原理类似，设计方法也相同。集成二进制编码器和集成十进制编码器均采用优先编码方案。

（2）将表示特定含义的二进制代码翻译出来的过程称为译码，实现译码操作的电路称为译码器。译码器分二进制译码器、十进制译码器及字符显示译码器，各种译码器的工作原理类似，设计方法也相同。

（3）七段显示数码管分为共阴极和共阳极两种。

（4）显示译码器主要由译码器和驱动电路组成，输入一般为 BCD 码，输出为七段码 a～g 所以称为 4线-七段译码器。

（5）二进制译码器能产生输入变量的全部最小项，而任意组合逻辑函数总能表示成最小项之和的形式，所以由二进制译码器加上门电路即可实现任何组合逻辑函数。

（6）将译码器的使能端作为数据输入端，二进制代码输入端作为地址码的输入端使用，则译码器便成为一个数据分配器。数据分配器的逻辑功能是将 1 个输入数据传送到多个输出端中的某一个输出端，具体传送到哪一个输出端，也是由一组选择控制信号确定的。

（7）数据分配器经常和数据选择器一起构成数据传送系统。其主要特点是可以用很少几根线实现多路数字信息的分时传送。

（8）编/译码器的功能表较为全面地反映了编/译码器的功能，要正确使用编码器和译码器必须先看懂功能表。因此，通过功能表了解编/译码器的功能是必须掌握的技能。

# 项目2　编码器与译码器的功能测试与应用

## 练习题2

### 一、选择题

2.1　3线-8线译码器74LS138实现八路分配输出时，应____。
  A. $S_1=1$, $\overline{S_2}=D$, $\overline{S_3}=0$
  B. $S_1=1$, $\overline{S_2}=D$, $\overline{S_3}=D$
  C. $S_1=1$, $\overline{S_2}=0$, $\overline{S_3}=D$
  D. $S_1=D$, $\overline{S_2}=0$, $\overline{S_3}=0$

2.2　要使3线-8线译码器74LS138能正常工作，其使能端$S_1$、$\overline{S_2}$、$\overline{S_3}$的电平信号应是____。
  A. 100　　　B. 111　　　C. 000　　　D. 011

2.3　译码器74LS138若输入为$A_2A_1A_0=100$时，输出$\overline{Y_7}\,\overline{Y_6}\,\overline{Y_5}\,\overline{Y_4}\,\overline{Y_3}\,\overline{Y_2}\,\overline{Y_1}\,\overline{Y_0}$为____。
  A. 00010000　　B. 11101111　　C. 11110111　　D. 00000100

2.4　用3线-8线译码器74LS138和辅助门电路实现逻辑函数$Y=A_2+\overline{A_2}\,\overline{A_1}$，应____。
  A. 用与非门，$Y=\overline{\overline{Y_0}\,\overline{Y_1}\,\overline{Y_4}\,\overline{Y_5}\,\overline{Y_6}\,\overline{Y_7}}$
  B. 用与门，$Y=\overline{Y_2}\,\overline{Y_3}$
  C. 用或门，$Y=\overline{Y_2}+\overline{Y_3}$
  D. 用或门，$Y=\overline{Y_0}+\overline{Y_1}+\overline{Y_4}+\overline{Y_5}+\overline{Y_6}+\overline{Y_7}$

### 二、填空题

2.5　半导体数码显示器的内部接法有两种形式：共_____接法和共_____接法。

2.6　对于共阳接法的发光二极管数码显示器，应采用_____电平驱动的七段显示译码器。

2.7　在优先编码器中，是优先级别_____（高、低）的编码排斥优先级别_____（高、低）的。

2.8　对十个信号进行编码，则转换成的二进制代码至少应有_____位。

2.9　10线-4线编码器所用的输出代码为_____码。

2.10　一个3线-8线译码器，它的译码输入端有_____个，输出端信号有_____个。

### 三、应用题

2.11　试用译码器74LS138实现下列逻辑函数$Y=ABC+AB\overline{C}+\overline{A}BC$。

2.12　试用74LS138和逻辑门设计一组合电路，该电路输入X和输出Y均为三位二进制数。二者之间的关系为
　　　（1）$2\leqslant X\leqslant 5$时，$Y=X+2$；
　　　（2）$X<2$时，$Y=1$；
　　　（3）$X>5$时，$Y=0$。

# 项目3 触发器的功能测试与应用

　　一般来说，数字系统中除了需要具有逻辑运算和算术运算的组合逻辑电路外，还需要具有存储功能的电路，组合电路与存储电路相结合可以构成时序逻辑电路，简称时序电路。触发器是一种具有两种稳定状态（0态和1态），且具有记忆功能的数字存储单元电路。触发器是构成时序逻辑电路基本单元。本项目将介绍触发器逻辑功能及测试，应用触发器完成四路抢答器电路的设计。

## 3.1 触发器及其特性

触发器是时序逻辑电路的重要组成部分。时序逻辑电路的定义：有一个数字电路，某一个时刻该电路的输出，不仅仅由该时刻的输入所确定，而且和电路过去的输入有关。或者说，某一个时刻它的输出不仅仅与该时刻的输入有关，而且和电路的状态有关。过去的输入就决定了电路过去的状态，也就是说电路必须有记住过去状态的本领，触发器就具有记忆的功能。触发器是由逻辑门加反馈线路构成的，具有存储数据、记忆信息等多种功能，在数字电路和计算机电路中具有重要应用。

触发器有三个基本特性。

（1）有两个互补输出端，分别用 Q 和 $\overline{Q}$ 表示。

（2）具有两个稳定状态，可分别表示二进制数码 0 和 1，无外触发时可维持稳态。当 $Q=1$、$\overline{Q}=0$ 时为 1 态，记 $Q=1$，与二进制的数码 1 相对应。当 $Q=0$、$\overline{Q}=1$ 时为 0 态，记 $Q=0$，与二进制的数码 0 相对应。

（3）外触发下，两个稳态可相互转换（翻转），已转换的稳定状态可长期保持下来，这就使得触发器能够记忆二进制信息，常用作二进制存储单元。

触发器按逻辑功能不同，可分为 RS 触发器、D 触发器、JK 触发器、T 触发器和 T′ 触发器等。按触发方式不同，可分为电平触发器、边沿触发器和主从触发器等。

## 3.2 基本 RS 触发器

构成触发器的方式虽然很多，但最基本的是基本 RS 触发器，它是构成各类触发器的基础。

### 1. 工作原理

基本 RS 触发器的电路如图 3-1（a）所示。它是由两个与非门输入和输出交叉耦合（反馈延时）而成。图 3-1（b）所示为基本 RS 触发器的逻辑符号。当然，基本 RS 触发器也可由或非门组成，此处重点讨论由与非门构成的 RS 触发器。

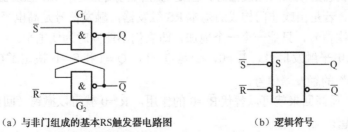

(a) 与非门组成的基本RS触发器电路图　　(b) 逻辑符号

图 3-1　基本 RS 触发器

由图可知，$\overline{R}$、$\overline{S}$ 为触发器的信号输入端，$Q$、$\overline{Q}$ 为输出端。与非门 $G_1$ 的输出端 Q 反接到与非门 $G_2$ 的输入端，与非门 $G_2$ 的输出端 $\overline{Q}$ 反接到与非门 $G_1$ 的输入端。设两个与非门输出端的初始状态分别为 $Q=0$，$\overline{Q}=1$。

当输入端 $\bar{S}=0$，$\bar{R}=1$ 时，与非门 $G_1$ 的输出端 Q 将由低电平转变为高电平，由于 Q 端被接到与非门 $G_2$ 的输入端，$G_2$ 的两个输入端均处于高电平状态，使输出端 $\bar{Q}$ 由高电平转变为低电平状态。又因 $\bar{Q}$ 被接到 $G_1$ 的输入端，使 $G_1$ 的输出状态仍为高电平，即触发器被"置位"，Q=1，$\bar{Q}$=0。

触发器被置位后，若输入端 $\bar{S}=1$，$\bar{R}=0$，$G_2$ 门的输出端 $\bar{Q}$ 将由低电平转变为高电平，由于 $\bar{Q}$ 端被接到 $G_1$ 门的输入端，$G_1$ 门的两个输入端均处于高电平状态，使输出端 Q 由高电平转变为低电平状态。又因 Q 被接到 $G_2$ 门的输入端，使 $G_2$ 门的输出状态仍为高电平，即触发器被"复位"，Q=0，$\bar{Q}$=1。

触发器被复位后，若输入端 $\bar{S}=1$，$\bar{R}=1$，$G_1$ 门的两个输入端均处于高电平状态，输出端 Q 仍保持为低电平状态不变，由于 Q 端被接到 $G_2$ 门的输入端，使 $\bar{Q}$ 端仍保持为高电平状态不变，即触发器处于"保持"状态。同理，触发器被置位后，若输入端 $\bar{S}=1$，$\bar{R}=1$，G1、G2 门的输出端状态不变，触发器处于"保持"状态。

将触发器输出端状态由 1 变为 0 或由 0 变为 1 称为"翻转"。当 $\bar{S}=1$，$\bar{R}=1$ 时，触发器输出端状态不变，该状态将一直保持到有新的置位或复位信号到来为止。

无论触发器处于何种状态，若 $\bar{S}=0$，$\bar{R}=0$，$G_1$、$G_2$ 门的输出状态均变为高电平，即 Q=1，$\bar{Q}$=1。此状态破坏了 Q 与 $\bar{Q}$ 间的逻辑关系，属非法状态，这种情况应当避免。

### 2. 两个稳态

这种电路结构，可以形成两个稳态，即

（1）Q=1、$\bar{Q}$=0；

（2）Q=0、$\bar{Q}$=1。

当 Q=1 时，Q=1 和 $\bar{R}$=1 决定了 G2 门的输出，即 $\bar{Q}$=0，$\bar{Q}$=0 反馈回来又保证了 Q=1；当 Q=0 时，$\bar{Q}$=1，$\bar{Q}$=1 和 $\bar{S}$=1 决定了 G1 门的输出，即 Q=0，Q=0 又保证了 $\bar{Q}$=1。

在没有加入触发信号之前，即 $\bar{R}$ 和 $\bar{S}$ 端都是高电平时，电路的状态不会改变。

### 3. 触发翻转

电路要改变状态必须加入触发信号，因是与非门构成的基本 RS 触发器，所以，触发信号是低电平有效。若是由或非门构成的基本 RS 触发器，触发信号是高电平有效。

$\bar{R}$ 和 $\bar{S}$ 是一次信号，只能一个一个地加，即它们不能同时为低电平。

在 $\bar{R}$ 端加低电平触发信号，$\bar{R}$=0，于是 $\bar{Q}$=1，$\bar{Q}$=1 和 $\bar{S}$=1 决定了 Q=0，触发器置"0"。$\bar{R}$ 是置"0"的触发器信号。

Q=0 以后，反馈回来就可以替代 $\bar{R}$=0 的作用，$\bar{R}$=0 就可以撤销（回到1），所以，$\bar{R}$ 不需要长时间保留。

在 $\bar{S}$ 端加低电平触发信号，$\bar{S}$=0，于是 Q=1，Q=1 和 $\bar{R}$=1 决定了 $\bar{Q}$=0，触发器置"1"。$\bar{Q}$=0 反馈回来，$\bar{S}$=0 就可以撤销，$\bar{S}$ 是置"1"的触发器信号。

如果是由或非门构成的基本 RS 触发器，触发信号是高电平有效。此时直接置"0"端用符号 R；直接置"1"端用符号 S。

## 4. 真值表

以上过程，可以用真值表来描述，参见表 3-1。表中的 $Q^n$ 和 $\overline{Q^n}$ 表示触发器的现在状态，简称现态；$Q^{n+1}$ 和 $\overline{Q^{n+1}}$ 表示触发器在触发脉冲作用后输出端的新状态，简称次态。对于新状态 $Q^{n+1}$ 而言，$Q^n$ 也称为原状态。

表 3-1 基本 RS 触发器真值表

| $Q^n$ | $\overline{R}$ | $\overline{S}$ | $Q^{n+1}$ |
| --- | --- | --- | --- |
| 0 | 0 | 0 | 非法状态 |
| 0 | 0 | 1 | 0 |
| 0 | 1 | 0 | 1 |
| 0 | 1 | 1 | 0 |
| 1 | 0 | 0 | 非法状态 |
| 1 | 0 | 1 | 0 |
| 1 | 1 | 0 | 1 |
| 1 | 1 | 1 | 1 |

表中 $Q^{n+1}=Q^n$ 表示新状态等于原状态，即触发器的状态保持不变。当 $\overline{R}=0$、$\overline{S}=0$ 时，$Q=\overline{Q}=1$，这一状态违背了触发器 Q 端和 $\overline{Q}$ 端状态必须相反的规定，是非法的工作状态。

## 5. 状态转换图

对触发器这样一种时序逻辑电路，它的逻辑功能描述除了用真值表外，还可以用状态转换图。真值表在组合逻辑电路中已经采用过，而状态转换图在这里是第一次出现。实际上，状态转换图是真值表的图形化，二者在本质上是一致的，只是表现形式不同而已。基本 RS 触发器的状态转换图如图 3-2 所示。

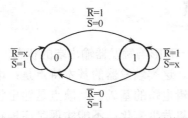

图 3-2 基本 RS 触发器的状态转换图

图中两个圆圈，其中写有 0 或 1，代表了基本 RS 触发器的两个稳态，状态的转换方向用箭头表示，状态转换的条件标明在箭头的旁边。从 "0" 状态有一个箭头自己闭合，即源于 "0" 又终止于 "0"，对应真值表的第二行置 "0" 和第四行的保持；从 "0" 状态转换到 "1" 状态，为置 "1"，对应真值表中的第三行；从 "1" 状态转换到 "0" 状态，为置 "0"，对应真值表中的第六行；从 "1" 状态有一个箭头自己闭合，即源于 "1" 又终止于 "1"，对应真值表的第七行置 "1" 和第八行的保持。

## 6. 波形图

波形图用高、低电平反映触发器的逻辑功能，它比较直观，而且可用示波器验证。波形图也称时序图，如图 3-3 所示列出了基本 RS 触发器的时序图。

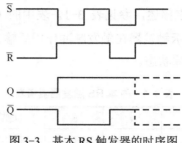

图 3-3 基本 RS 触发器的时序图

从图 3-3 中可以看出，当 $\bar{R}=\bar{S}=0$ 时，Q 与 $\bar{Q}$ 功能紊乱，但电平仍然存在；当 $\bar{R}$ 和 $\bar{S}$ 同时由 0 跳到 1 时，由于与非门响应有延迟，且延迟时间无法确定，触发器的状态不能确定是 1 还是 0，这种情况称为不定状态。

**实例 3-1** 画出基本 RS 触发器在给定输入信号 $\bar{R}$ 和 $\bar{S}$ 的作用下，Q 端和 $\bar{Q}$ 端的波形图。输入波形如图 3-4（a）所示。

**解**：Q 端和 $\bar{Q}$ 端的输出波形如图 3-4（b）所示。

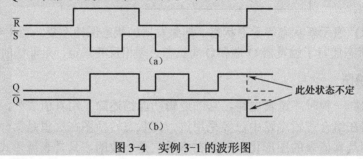

图 3-4 实例 3-1 的波形图

## 3.3 触发器的触发方式

基本 RS 触发器的输入端一直影响触发器输出端的状态，所以按控制类型分，基本 RS 触发器属于非时钟控制触发器。这类触发器的基本特点是：电路结构简单，可存储一位二进制代码，是构成各种时序逻辑电路的基础。其缺点是输出状态一直受输入信号控制，当输入信号出现扰动时输出状态将发生变化；不能实现时序控制，即不能在要求的时间或时刻由输入信号控制输出信号。为此，我们希望有一种这样的触发器，它们在一个称为时钟脉冲信号（Clock Pulse，CP）的控制下翻转，没有 CP 就不翻转，CP 来到后才翻转。至于翻转成何种状态，则由触发器的数据输入端决定，或根据触发器的真值表决定。这种在时钟控制下翻转，而翻转后的状态由翻转前数据端的状态决定的触发器，称为时钟触发器。根据对 CP 的要求，触发器的触发方式分为两种：电平控制触发与边沿控制触发。

### 3.3.1 电平控制触发

实现电平控制的方法很简单。如图 3-5（a）所示，在基本 RS 触发器的输入端各串接一个与非门，便得到电平控制触发的 RS 触发器。只有当控制输入端 CP=1 时，输入信号 S，R 才起作用（置位或复位），否则输入信号 S，R 无效，触发器输出端将继续保持原状态不变。图 3-5 （b）所示为电平控制 RS 触发器的逻辑符号。

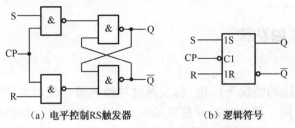

(a) 电平控制RS触发器　　　　　　(b) 逻辑符号

图 3-5　电平控制触发 RS 触发器

电平控制触发器克服了非时钟控制触发器对输出状态直接控制的缺点，采用选通控制，即只有当时钟控制端 CP 有效时触发器才接收输入数据，否则输入数据将被禁止。电平控制有高电平触发与低电平触发两种类型。

高电平发出的 RS 触发器真值表参见表 3-2。

表 3-2　电平控制 RS 触发器真值表

| CP | S | R | $Q^{n+1}$ |
|---|---|---|---|
| 0 | 0 | 0 | $Q^n$（保持） |
| 0 | 0 | 1 | $Q^n$（保持） |
| 0 | 1 | 0 | $Q^n$（保持） |
| 0 | 1 | 1 | $Q^n$（保持） |
| 1 | 0 | 0 | $Q^n$（保持） |
| 1 | 0 | 1 | 0 |
| 1 | 1 | 0 | 1 |
| 1 | 1 | 1 | 非法状态 |

### 3.3.2　边沿控制触发

电平控制触发器在时钟控制电平有效期间仍存在输入干扰信息直接影响输出状态的问题。时钟边沿控制触发器是在控制脉冲的上升沿或下降沿到来时触发器才接受输入信号的触发，而在 CP=1 或 CP=0 期间，输入端的任何变化都不影响输出，与电平控制触发器相比可增强抗干扰能力，因为仅当输入端的干扰信号恰好在控制脉冲翻转瞬间出现时才可能导致输出信号的偏差，而在该时刻（时钟沿）的前后，干扰信号对输出信号均无影响，因此在实际应用中更加广泛。如果翻转发生在上升沿就称为"上升沿触发"或"正边沿触发"；如果翻转发生在下降沿就称为"下降沿触发"或"负边缘触发"，如图 3-6 所示。

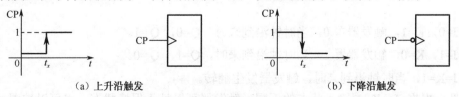

(a) 上升沿触发　　　　　　(b) 下降沿触发

图 3-6　边沿控制触发 RS 触发器

## 3.4 边沿触发器

### 3.4.1 边沿 JK 触发器

**1. 工作原理**

在输入信号为双端的情况下，JK 触发器是功能完善、使用灵活和通用性较强的一种触发器，具有保持功能、置位功能和复位功能，并在 RS 触发器禁用的非法状态下能翻转。边沿控制 JK 触发器逻辑符号如图 3-7 所示。CP 端有空心圆圈符号的是下降沿触发，无空心圆符号的是上升沿触发。设触发器输出初始状态为 Q=0，$\bar{Q}$=1，则输入端 S=1，R=0。

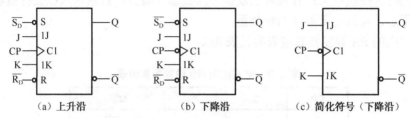

（a）上升沿　　　　　　（b）下降沿　　　　　（c）简化符号（下降沿）

图 3-7　边沿控制 JK 触发器逻辑符号

触发器稳定状态下 J、K、$Q^n$、$Q^{n+1}$ 之间的逻辑关系参见表 3-3。

表 3-3　JK 触发器特性表

| J | K | $Q^n$ | $Q^{n+1}$ | 说　　明 |
|---|---|---|---|---|
| 0 | 0 | 0 | $Q^n$ | 状态不变 |
| 0 | 0 | 1 | | |
| 0 | 1 | 0 | 0 | 置 0 |
| 0 | 1 | 1 | | |
| 1 | 0 | 0 | 1 | 置 1 |
| 1 | 0 | 1 | | |
| 1 | 1 | 0 | $\bar{Q^n}$ | 翻转 |
| 1 | 1 | 1 | | |

由表 3-3 可得出特征方程为

$$Q^{n+1} = J\bar{Q}^n + \bar{K}Q^n$$

若输入信号 J=0，K=0，触发器处于保持状态，当时钟沿到来时，触发器输出状态保持不变。

若 J=0，K=1，触发器置 0，当时钟沿到来时，Q=0，$\bar{Q}$=1。

若 J=1，K=0，触发器置 1，当时钟沿到来时，Q=1，$\bar{Q}$=0。

若 J=K=1，当时钟沿到来时，触发器发生翻转。

可见，根据 J、K 端输入状态的不同，触发器可以处于保持状态，也可以被置 1 或置

0。在 J=K=1 情况下，每当时钟沿到来时，触发器发生翻转。

边沿 JK 触发器的状态转换图和时序图如图 3-8 所示。图 3-8（a）所示为状态转换图，图 3-8（b）所示为时序图，边沿 JK 触发器在给定输入信号 J、K 和 CP 的作用下，触发器时钟的动作沿是上升沿的输出如 $Q_1$ 所示，触发器时钟的动作沿是下降沿的输出如 $Q_2$ 所示，设触发器输出初始状态为 Q=0。

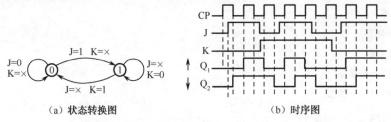

(a) 状态转换图  (b) 时序图

图 3-8 边沿 JK 触发器的状态转换图与时序图

### 2. 集成双 JK 触发器 74LS112

74LS112 是下降沿触发的边沿触发器，器件中包含两个相同的边沿触发 JK 触发器电路模块，其引脚功能和逻辑符号如图 3-9 所示。

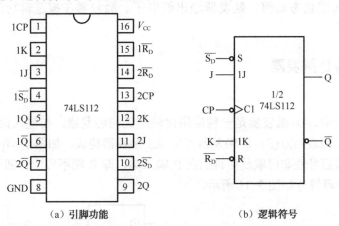

(a) 引脚功能  (b) 逻辑符号

图 3-9 74LS112 双 JK 触发器

双 JK 触发器 74LS112 的输入与输出关系参见表 3-4。

表 3-4 双 JK 触发器 74LS112 的真值表

| 输入 | | | | | 输出 | |
|---|---|---|---|---|---|---|
| $\overline{S_D}$ | $\overline{R_D}$ | CP | J | K | $Q^{n+1}$ | $\overline{Q^{n+1}}$ |
| 0 | 0 | × | × | × | ¢ | ¢ |
| 0 | 1 | × | × | × | 1 | 0 |
| 1 | 0 | × | × | × | 0 | 1 |
| 1 | 1 | ↓ | 0 | 0 | $Q^n$ | $\overline{Q^n}$ |
| 1 | 1 | ↓ | 0 | 1 | 0 | 1 |
| 1 | 1 | ↓ | 1 | 0 | 1 | 0 |

# 数字电子技术实践

续表

| 输入 | | | | | 输出 | |
|---|---|---|---|---|---|---|
| $\overline{S_D}$ | $\overline{R_D}$ | CP | J | K | $Q^{n+1}$ | $\overline{Q^{n+1}}$ |
| 1 | 1 | ↓ | 1 | 1 | $\overline{Q^n}$ | $Q^n$ |
| 1 | 1 | ↑ | × | × | $Q^n$ | $\overline{Q^n}$ |

注：×——任意态；

　↓——下降沿；

　↑——上升沿；

　$Q^n$（$\overline{Q^n}$）——现态；

　$Q^{n+1}$（$\overline{Q^{n+1}}$）——次态；

　¢——不定态。

每个触发器有数据输入（J、K）、置位输入（$\overline{S_D}$）复位输入（$\overline{R_D}$）、时钟输入（CP）和数据输出（Q、$\overline{Q}$）。其中，$\overline{S_D}$ 为触发器异步置位端，低电平有效。当其有效时，不管其他输入端状态如何，触发器输出高电平。$\overline{R_D}$ 为触发器异步清零端，低电平有效。当其有效时，不管其他输入端状态如何，触发器输出低电平。触发器在按逻辑功能工作时，$\overline{S_D}$ 和 $\overline{R_D}$ 必须均置1。

### 3.4.2 边沿D触发器

**1. 工作原理**

在各种触发器中，D 触发器是一种应用比较广泛的触发器，在输入信号为单端的情况下，D 触发器用起来最为方便。D 触发器可由 RS 触发器构成，如图 3-10 所示。D 触发器将加到 S 端的输入信号经非门取反后再加到 R 输入端，即 R 端不再由外部信号控制。

D 触发器的逻辑符号如图 3-11 所示。

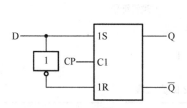

图 3-10　由 RS 触发器构成 D 触发器

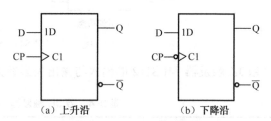

(a) 上升沿　　(b) 下降沿

图 3-11　D 触发器逻辑符号

上升沿触发的 D 触发器的触发方式为：在 CP 脉冲上升沿到来之前接受 D 输入信号，当 CP 从 0 变为 1 时，触发器的输出状态将由 CP 上升沿到来前一瞬间 D 的状态决定。若 D=0，触发器状态为 0；若 D=1，触发器状态为 1，故有时称 D 触发器为数字跟随器。

表 3-5 为 D 触发器的功能表。由功能表可得特征方程为

$$Q^{n+1} = D$$

表 3-5　D 触发器功能表

| D | $Q_n$ | $Q_{n+1}$ |
|---|---|---|
| 1 | 0 | 1 |
| 0 | 1 | 0 |
| 0 | 0 | 0 |
| 1 | 1 | 1 |

D 触发器的状态转换图如图 3-12（a）所示，其时序图如图 3-12（b）所示。

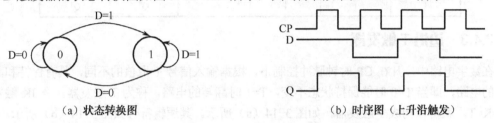

（a）状态转换图　　　　　　　　（b）时序图（上升沿触发）

图 3-12　边沿 D 触发器状态转换图和时序图

### 2. 集成双 D 触发器 74LS74

74LS74 是上升沿触发的双 D 触发器，器件中包含两个相同的、相互独立的边沿触发 D 触发器电路模块，其逻辑符号如图 3-13（a）所示，引脚排列如图 3-13（b）所示。

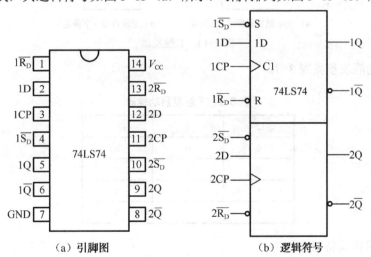

（a）引脚图　　　　　　　　（b）逻辑符号

图 3-13　双 D 触发器 74LS74

每个触发器有数据输入（D）、置位输入（$\overline{S_D}$）、复位输入（$\overline{R_D}$）、时钟输入（CP）和数据输出（Q、$\overline{Q}$）。$\overline{S_D}$、$\overline{R_D}$ 的低电平使输出置位或清零，而与其他输入端的电平无关。当 $\overline{S_D}$、$\overline{R_D}$ 均无效（高电平）时，D 端输入的数据在 CP 上升沿作用下传送到输出端，其功能表参见表 3-6。

数字电子技术实践

表 3-6  74LS74 功能表

| 输入 | | | | 输出 | |
|---|---|---|---|---|---|
| $\overline{S_D}$ | $\overline{R_D}$ | CP | D | $Q^{n+1}$ | $\overline{Q^{n+1}}$ |
| 0 | 1 | × | × | 1 | 0 |
| 1 | 0 | × | × | 0 | 1 |
| 0 | 0 | × | × | ¢ | ¢ |
| 1 | 1 | ↑ | 0 | 0 | 1 |
| 1 | 1 | ↑ | 1 | 1 | 0 |
| 1 | 1 | ↓ | × | $Q^n$ | $\overline{Q^n}$ |

### 3.4.3 边沿 T 触发器

在数字电路中,凡在 CP 时钟脉冲控制下,根据输入信号 T 取值的不同,具有保持和翻转功能的电路,即当 T=0 时能保持状态不变,T=1 时翻转的电路,称为 T 触发器。令 JK 触发器的 J=K=T,就可以构成 T 触发器,如图 3-14(a)所示。其逻辑符号如图 3-14(b)所示。

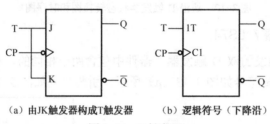

(a) 由JK触发器构成T触发器　　(b) 逻辑符号(下降沿)

图 3-14  T 触发器

T 触发器功能表参见表 3-7。

表 3-7  T 触发器功能表

| $Q^n$ | T | $Q^{n+1}$ |
|---|---|---|
| 0 | 0 | 0 |
| 0 | 1 | 1 |
| 1 | 0 | 1 |
| 1 | 1 | 0 |

由功能表可得其特征方程为

$$Q^{n+1} = T\overline{Q^n} + \overline{T}Q^n$$

### 3.4.4 T′ 触发器

实际应用中有时需要触发器的输出状态在每个时钟控制沿到来时都发生翻转。例如,用时钟上升沿作为控制沿,设触发器输出端现态 $Q^n$=1,当时钟上升沿到来时,输出端应翻转到次态 $Q^{n+1}$=0 状态;再下一个时钟上升沿到来时又翻转到 $Q^{n+1}$=1 状态;即时钟上升沿每到来一次,触发器的输出状态都翻转一次,这种触发器称之为 T′ 触发器。令 JK 触发器的

J=K=1，就可以构成 T′触发器。每来一个 CP 脉冲，T′触发器就翻转一次，能实现计数功能。T′触发器的功能表参见表 3-8 所示。

表 3-8 T′触发器功能表

| T | $Q^n$ | $Q^{n+1}$ |
|---|---|---|
| 1 | 0 | 1 |
| 1 | 1 | 0 |

## 3.5 触发器的应用

### 1. 触发器构成单脉冲去抖电路

实际应用中，有时需要产生一个单脉冲作为开关输入信号，如抢答器中的抢答信号、键盘输入信号、中断请求信号等。若采用机械式的开关，电路会产生抖动现象，并由此引起错误信息。图 3-15（a）所示为用基本 RS 触发器构成的单脉冲去抖电路。设开关 S 的初始位置打在 B 点，此时，触发器被置 0，输出端 Q=0，$\overline{Q}$=1；当开关 S 由 B 点打到 A 点后，触发器被置 1，输出端 Q=1，$\overline{Q}$=0；当开关 S 由 A 点再打回到 B 点后，触发器的输出又变回原来的状态 Q=0，$\overline{Q}$=1。在触发器的 Q 端产生一个正脉冲。虽然在开关 S 由 B 到 A 或由 A 到 B 的运动过程中会出现与 A，B 两点都不接触的中间状态，但此时触发器输入端均为高电平状态，根据 RS 触发器的特征可知，触发器的输出状态将继续保持原来状态不变，直到开关 S 到达 A 或 B 点为止。

同理，当开关 S 在 A 点附近或 B 点附近发生抖动时，也不会影响触发器的输出状态，即触发器同样会保持原状态不变。由此可见，该电路能在输入开关的作用下产生一个理想的单脉冲信号，消除了抖动现象。其脉冲波形如图 3-15（b）所示。图中，$t_{A1}$ 为 S 第一次打到 A 的时刻，$t_{B1}$ 为 S 第一次打到 B 的时刻，$t_{A2}$ 为 S 第二次打到 A 的时刻，$t_{B2}$ 为 S 第二次打到 B 的时刻。

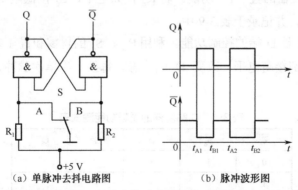

(a) 单脉冲去抖电路图  (b) 脉冲波形图

图 3-15 由基本 RS 触发器构成的单脉冲去抖电路及其波形图

### 2. 触发器构成分频电路

用 D 触发器可以构成分频电路，其电路及波形如图 3-16 所示。图中 CP 是由信号源或振荡电路发出的脉冲信号，将 $\overline{Q}$ 接到 D 端。设 D 触发器的初始状态为 Q=0，$\overline{Q}$=1，即

$D = \overline{Q} = 1$。

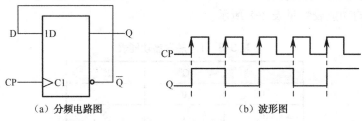

(a) 分频电路图　　　　　　　　(b) 波形图

图 3-16　用 D 触发器构成分频电路及其波形图

当时钟 CP 上升沿到来时，根据 D 触发器的特征，触发器将发生翻转，使 Q=1，$\overline{Q}$=0。当下一个时钟上升沿到来时，D 触发器又发生翻转，即每一个时钟周期，触发器都翻转一次；经过两个时钟周期，输出信号才周期变化一次。所以经过由 D 触发器组成的分频电路后，输出脉冲频率减少了 1/2，称为二分频。若在其输出端再串接一个同样的分频电路就能实现四分频，同理若接 n 个分频电路就能构成 $1/2^n$ 倍的分频器。

## 任务 3-1　双 D 触发器 74LS74 逻辑功能测试及应用

### 1. 任务要求

在实验箱上进行双 D 触发器 74LS74 的逻辑功能测试，并应用 74LS74 构成分频电路。

### 2. 74LS74 逻辑功能测试

在实验箱上按要求完成双 D 触发器 74LS74 逻辑功能的测试步骤与要求如下所述。

（1）将 74LS74 中触发器的 $\overline{R_d}$、$\overline{S_d}$、D 输入端接至逻辑电平输入开关，Q、$\overline{Q}$ 输出端接逻辑电平指示灯。CP 端接单次脉冲。

（2）观察 D 触发器的置 "0" 功能。将 $\overline{R_d}$ 接低电平，$\overline{S_d}$ 接高电平，D 端和 CP 端任意，观察输出端状态，并记录于表 3-9 中。

（3）观察 D 触发器的置 "1" 功能。将 $\overline{R_d}$ 接高电平，$\overline{S_d}$ 接低电平，D 端和 CP 端任意，观察输出端状态，并记录于表 3-9 中。

（4）观察 D 触发器 D 端的控制功能。利用 $\overline{R_d}$、$\overline{S_d}$ 的置零和置 1 功能设定触发器初始状态，再将 $\overline{R_d}$、$\overline{S_d}$ 都接高电平，改变 D 端状态，每按一次单次脉冲，观察输出端状态，并记录于表 3-9。

表 3-9　D 触发器的逻辑功能测试表

| $\overline{R_d}$ | $\overline{S_d}$ | D | $Q^n$ | $Q^{n+1}$ |
|---|---|---|---|---|
| 0 | 1 | × | × | |
| 1 | 0 | × | × | |
| 1 | 1 | 0 | 0 | |
| 1 | 1 | 0 | 1 | |
| 1 | 1 | 1 | 0 | |
| 1 | 1 | 1 | 1 | |

### 3. 应用 74LS74D 触发器构成分频电路

应用 74LS74 构成分频电路的步骤与要求如下所述。

（1）按图 3-16（a）所示接好分频电路，其中 CP 端接数字电路实验箱上固定频率脉冲源，并将 CP 与 Q 端接示波器，观察其波形并记录。

（2）思考如何利用 74LS74 构成四分频电路，画出其电路原理图，观察波形并记录。

## 任务 3-2　四路抢答器设计

### 1. 任务要求

用中小规模集成电路设计并制作一四路抢答器，要求如下：
（1）有抢答功能，能进行 4 路抢答；
（2）有复位功能，由主持人复位后方可抢答；
（3）有自动锁存功能，当一个人按下按键抢答后，电路将其他各组按键封锁，使其不起作用；
（4）能数字显示抢答组别；
（5）当有人抢答时有声音提示。

### 2. 设计思路

抢答器是为智力竞赛参赛者答题时进行抢答而设计的一种优先判决器电路，竞赛者可以分为若干组，抢答时各组对主持人提出的问题要在最短的时间内做出判断，并按下抢答按键回答问题。当第一个人按下按键后，则在显示器上显示该组的号码，同时电路将其他各组按键封锁，使其不起作用。回答完问题后，由主持人将所有按键恢复，重新开始下一轮抢答。

本次设计是采用常用集成电路制作，由触发器、编码器、显示器、音响电路组成，可供 4 人抢答，并用 7 段数码管显示抢答者的组别号码，而且有声音提示已有人抢答，有人抢答后还能自动闭锁其他各路的输入，使其他组的开关失去作用。四路抢答器的组成框图如图 3-17 所示。

图 3-17　四路抢答器组成框图

### 3. 实施步骤与要求

四路抢答器电路原理图如图 3-18 所示。

电路中触发器采用双 D 上升沿触发器 4013BD。4013BD 的逻辑功能是：当置零端 CD 接高电平，置位端 SD 接低电平，Q 端输出低电平，$\overline{Q}$ 输出高电平。当置零端 CD 接低电平，置位端 SD 接高电平，Q 端输出高电平，$\overline{Q}$ 输出低电平。当 SD、CD 都接低电平时，在 CP 端有上升沿到来时，Q 端输出与 D 端输入一致，$\overline{Q}$ 端与 D 端输入相反。4013BD 的真值表参见表 3-10。

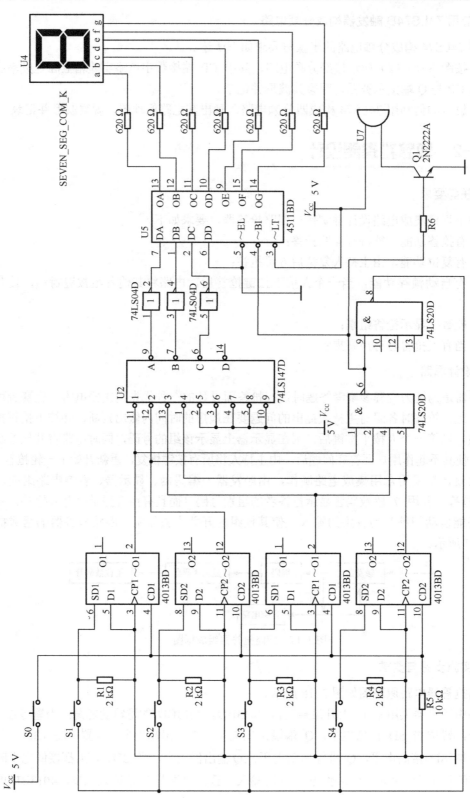

图3-18 四路抢答器电路原理图

## 项目 3 触发器的功能测试与应用

表 3-10 双 D 上升沿触发器 4013BD 真值表

| CD | SD | CP | D | $Q^{n+1}$ | $\overline{Q}^{n+1}$ |
|---|---|---|---|---|---|
| 0 | 1 | × | × | 1 | 0 |
| 1 | 0 | × | × | 0 | 1 |
| 1 | 1 | ↑ | 0 | 0 | 1 |
| 1 | 1 | ↑ | 1 | 1 | 0 |
| 1 | 1 | 0 | × | $Q^n$ | $\overline{Q^n}$ |
| 1 | 1 | 1 | × | $Q^n$ | $\overline{Q^n}$ |

当电源闭合后,先由主持人按复位按钮开关 $S_0$,4013BD 的置零端 CD 有效,各触发器输出 $Q=0$,$\overline{Q}=1$,74LS20 四输入端与非门输入全为高电平,其输出 6 脚为低电平,4511 的第 4 脚为低电平(即消隐输入),因此,数码管不显示任何数字。此时,三极管 Q1 截止,蜂鸣器不响,74LS20 的 8 脚输出高电平,为抢答做好准备。

抢答器开始后,假使第 1 组最先按下按钮开关 $S_1$,则 $Q=1$,$\overline{Q}=0$,74LS20 第一个与非门输出高电平,经第二个与非门反相后为低电平,并送回触发器按钮开关,此时若干其他开关再按下,直接置"1"端 SD=0,不能使触发器置高电平,所以其他触发器输出都为 $Q=0$,$\overline{Q}=1$。74LS147 输入端 $\overline{I_1}=0$ 为有效电平,$\overline{I_2} \sim \overline{I_9}$ 输入全为高,其输出为"1"的反码,经反相器后在 4511 的 DCBA 端输入"0001",显示数字为"1"。当 S2 最先按下时,4511 的 DCBA 为"0010",显示数字为"2"。当 $S_3$ 最先按下时,4511 的 DCBA 为"0011"显示数字为"3"。当 $S_4$ 最先按下时,4511 的 DCBA 为"0100",显示数字为"4"。有人抢答时,74LS20 的 6 脚输出的高电平使三极管导通,蜂鸣器发出声音,告知已有人抢答。

从上述分析可知,本抢答器有闭锁功能,当有人抢答后其他人再按开关将不起作用,本抢答器可供 4 个组别进行抢答,如需要更多的组别,需增加 D 触发器的个数,并修改编码电路。

### 4. 工具、器材准备

四路抢答器设计训练使用的设备、工具和材料参见表 3-11。

表 3-11 四路抢答器设计训练使用的设备、工具和材料

| 序 号 | 名 称 | 规 格 | 数 量 |
|---|---|---|---|
| 1 | 万用表 |  | 1 个 |
| 2 | 直流稳压电源 |  | 1 个 |
| 3 | 电烙铁 |  | 1 个 |
| 4 | 双 D 触发器 | CD4013 | 2 个 |
| 5 | 译码器 | CD4511 | 1 个 |
| 6 | 编码器 | 74LS147 | 1 个 |
| 7 | 按键开关 |  | 5 个 |
| 8 | 电阻 | 2 kΩ | 4 个 |

续表

| 序号 | 名称 | 规格 | 数量 |
|---|---|---|---|
| 9 | 电阻 | 620 Ω | 7个 |
| 10 | 电阻 | 10 kΩ | 1个 |
| 11 | 电阻 | 5.1 kΩ | 1个 |
| 12 | 非门 | 74LS04 | 1个 |
| 13 | 四输入端双与非门 | 74LS20 | 1个 |
| 14 | 蜂鸣器 | | 1个 |
| 15 | 三极管 | 2N2222 | 1个 |
| 16 | 共阴极数码管 | | 1个 |
| 14 | 14 脚插座 | | 4个 |
| 15 | 16 脚插座 | | 3个 |
| 16 | 双面板 | | 1块 |

### 思考题 3-1

（1）如要实现一个八路抢答器，则电路应该如何修改？

### 知识梳理与总结

（1）凡具有接收、保持和输出功能的电路均称为触发器。触发器按逻辑功能不同，可分为 RS 触发器、D 触发器、JK 触发器、T 触发器和 T′ 触发器等。

（2）按触发方式可把触发器分为非时钟控制触发器和时钟触发器。根据对 CP 的要求时钟触发器的触发方式分为两种：电平触发与边沿触发。边沿触发器在各种数字电路中被普遍使用。

（3）边沿触发器主要有边沿 JK 触发器和边沿 D 触发器（维持阻塞 D 触发器），边沿触发器只在 CP 上升沿或下降沿到来时刻接收输入信号，而在 CP 其他时间内电路的状态不会随输入信号发生变化。

### 练习题 3

**一、选择题**

3.1 一个触发器可记录一位二进制代码，它有____个稳态。
   A. 0    B. 1    C. 2    D. 3

3.2 存储 8 位二进制信息要____个触发器。
   A. 2    B. 3    C. 4    D. 8

3.3 对于 T 触发器，若原态 $Q^n=0$，欲使新态 $Q^{n+1}=1$，应使输入 T=____。
   A. 0    B. 1    C. Q    D. $\bar{Q}$

3.4 对于 D 触发器，欲使 $Q^{n+1}=Q^n$，应使输入 D=____。
 A. 0　　　　　B. 1　　　　　C. Q　　　　　D. $\bar{Q}$

3.5 对于 JK 触发器，若 J=K，则可完成____触发器的逻辑功能。
 A. RS　　　　B. D　　　　　C. T　　　　　D. T'

3.6 边沿式 D 触发器是一种____稳态电路。
 A. 无　　　　B. 单　　　　　C. 双　　　　　D. 多

3.7 欲使 JK 触发器按 $Q^{n+1}=1$ 工作，可使 JK 触发器的输入端____。
 A. J=K=1　　　　　　　　　　B. J=1，K=0
 C. J=K=$\bar{Q}$　　　　　　　　　D. J=K=0

3.8 为实现将 JK 触发器转换为 D 触发器，应使____。
 A. J=D，K=$\bar{D}$　　　　　　　B. K=D，J=$\bar{D}$
 C. J=K=D　　　　　　　　　　D. J=K=$\bar{D}$

二、填空题

3.9 触发器有_____个稳态，存储 8 位二进制信息要_____个触发器。

3.10 一个基本 RS 触发器在正常工作时，它的约束条件是 $\bar{R}+\bar{S}=1$，则它不允许输入 $\bar{S}=$_____且 $\bar{R}=$_____的信号。

3.11 触发器有两个互补的输出端 Q、$\bar{Q}$，定义触发器的 1 状态为_____，0 状态为_____，可见触发器的状态指的是_____端的状态。

3.12 一个基本 RS 触发器在正常工作时，不允许输入 R=S=1 的信号，因此它的约束条件是_____。

3.13 在一个 CP 脉冲作用下，引起触发器两次或多次翻转的现象称为触发器的_____，触发方式为_____式或_____式的触发器不会出现这种现象。

三、应用题

3.14 基本 RS 触发器的逻辑符号和输入波形如图 3-19 所示。试画出 Q，$\bar{Q}$ 端的波形。设触发器 Q 初态为 0。

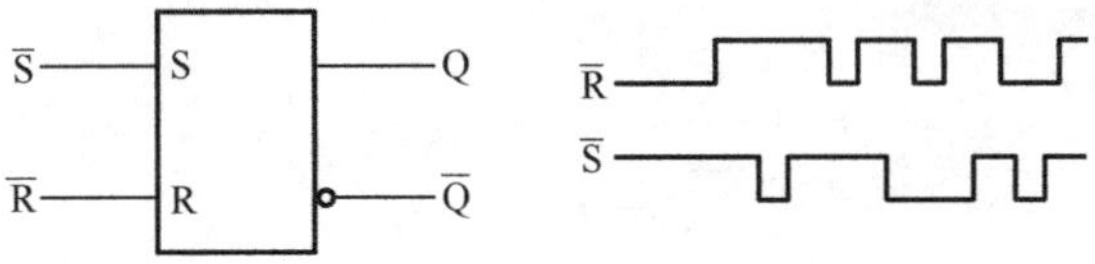

图 3-19　题 3.14 图

3.15 下降沿触发的边沿 JK 触发器的输入波形如图 3-20 所示。试画出输出 Q 的波形。设触发器 Q 初态为 0。

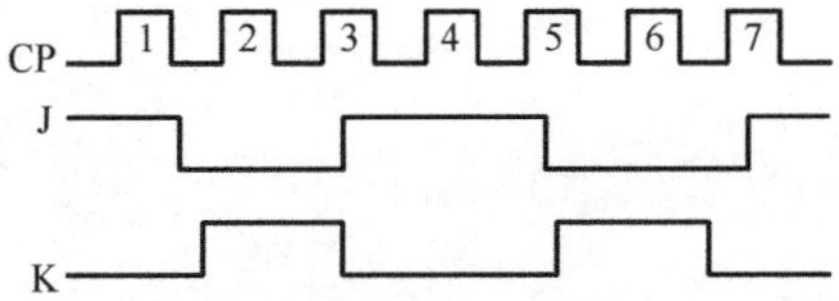

图 3-20　题 3.15 图

3.16 边沿 D 触发器组成的电路和输入波形如图 3-21 所示，试画出其输出波形。设触发器 Q 初态为 0。

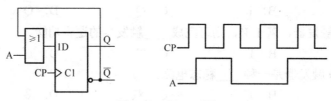

图 3-21　题 3.26 图

3.17 边沿 D 触发器组成的电路如图 3-22（a）所示，输入波形如图 3-22（b）所示。画出 $Q_1$、$Q_2$ 的波形。

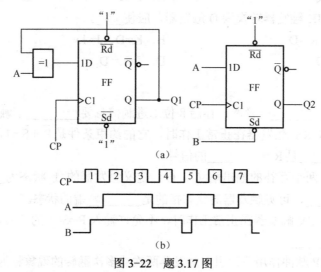

图 3-22　题 3.17 图

# 项目 4　计数器电路设计

　　本项目在介绍计数器电路原理和功能的基础上完成数字钟电路设计。数字钟是一种典型的数字电路,其中包括了组合逻辑电路和时序电路,主要由振荡电路、计数电路、显示电路以及校时电路四大部分组成,其核心部分是一个对标准频率(1 Hz)进行计数的计数电路。

数字电子技术实践

## 4.1 计数器及其表示方法

计数器的基本功能就是计算输入脉冲的个数。计数器内部的基本计数单元是由触发器组成的。计数器是数字系统中应用最广泛的时序逻辑部件之一,除了计数以外,还可以用作定时、分频、信号产生和执行数字运算等,是数字设备和数字系统中不可缺少的组成部分。

### 4.1.1 计数器类型

计数器的种类繁多,它们都是由具有记忆功能的触发器作为基本计数单元的,根据各触发器连接方式不同,就构成了各种类型不同的计数器。

按照组成计数器中各触发器的 CP 脉冲是否来自统一的计数脉冲,可分为同步计数器和异步计数器。

按计数进制,可分为二进制计数器和非二进制计数器。当 $N=2^n$ 时,为二进制计数器;当 $N \neq 2^n$ 时,为非二进制计数器。非二进制计数器有十进制计数器、六十进制计数器等。计数的最大数目称为计数器的"模",用 $M$ 表示。模也称为计数长度或计数容量。$n$ 个触发器有 $2^n$ 种输出,最多可实现模 $2^n$ 计数。

按数字的增减趋势,可分为加法计数器、减法计数器和可逆计数器。对输入脉冲进行递增计数的计数器称为加法计数器;进行递减计数的计数器称为减法计数器;如果在控制信号作用下,既可以进行加法计数又可以进行减法计数的计数器,则称为可逆计数器。

按计数集成度,可分为小规模集成计数器和中规模集成计数器。由若干个集成触发器和门电路经外部连接而成的计数器为小规模集成计数器,而将整个计数器集成在一块硅片上,具有完善的计数功能,并能扩展使用的计数器为中规模集成计数器。

下面我们学习如何正确分析由触发器电路和组合逻辑电路构成具有一定逻辑功能(计数)的时序电路。

### 4.1.2 计数器基本原理

通过对项目 3 中触发器的学习已知,T′ 触发器是翻转型触发器。也就是说,输入一个 CP 脉冲,该触发器的状态就翻转一次。如果 T′ 触发器的初始状态为 0,在逐个输入 CP 脉冲时,其输出状态就会由 0→1→0→1 不断变化,此时称触发器工作在计数状态,即由触发器输出状态的变化,可以确定输入 CP 脉冲的个数。一个触发器能表示一位二进制数的两种状态,两个触发器能表示两位二进制数的 4 种状态,$n$ 个触发器能表示 $n$ 位二进制数的 $2^n$ 种状态,即能计 $2^n$ 个数,以此类推。

图 4-1(a)所示为由 3 个 JK 触发器构成的 3 位二进制计数器。其中,$FF_2$ 为最高位,$FF_0$ 为最低位,计数输出用 $Q_2Q_1Q_0$ 表示。3 个触发器的 JK 数据输入端的输入恒为"1",即构成了 T′ 触发器,因此触发器均工作在计数状态。而 $CP_0 = CP$(外加计数脉冲),$CP_1 = Q_0$,$CP_2 = Q_1$。设计数器初始状态为 $Q_2Q_1Q_0 = 000$,当第 1 个 CP 作用后,$FF_0$ 翻转,$Q_0$ 由"0"→"1",计数状态 $Q_2Q_1Q_0$ 由 000→001。当第 2 个 CP 脉冲作用后,$FF_0$ 翻转,$Q_0$ 由"1"→"0",由于 $Q_0$ 下降沿的作用,$Q_1$ 由"0"→"1",计数状态 $Q_2Q_1Q_0$ 由 001→

010。以此类推,逐个输入 CP 脉冲时,计数器的状态按 $Q_2Q_1Q_0$ =000→001→010→011→100→101→110→111 的规律变化。当输入第 8 个 CP 脉冲时,$Q_0$ 由 "1"→"0",其下降沿使 $Q_1$ 由 "1"→"0",$Q_1$ 的下降沿使 $Q_2$ 由 "1"→"0",计数状态由 111→000,完成一个计数周期。计数器的状态图和时序图分别如图 4-1(b)和图 4-1(c)所示。

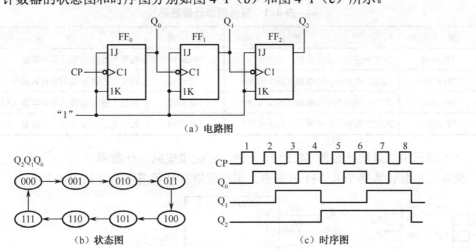

图 4-1 三位异步二进制计数器

上述计数器中,由于各触发器的翻转不是受同一个 CP 脉冲控制的,故称它为异步计数器。有时为使计数器按一定规律进行计数,各触发器的数据输入端还要输入一定的控制信号。

异步计数器的电路简单,对计数脉冲 CP 的负载能力要求低,但因逐级延时,所以它的工作速度较低,而且反馈和译码较为困难。

同步计数器的各触发器在同一个 CP 脉冲作用下同时翻转,工作速度较高,但控制电路复杂。由于 CP 作用于计数器的全部触发器,所以 CP 的负载较重。

通过修改反馈和数据输入,可以用二进制计数器构成十进制或任意进制计数器。例如,在上述电路中,当输入第 5 个 CP 脉冲后,使计数状态由 101→000,即恢复到初始状态,则构成六进制计数器。

以上所述是由小规模集成触发器组成的计数器,它在数字技术发展的初期应用比较广泛。但随着电子技术的不断发展,规格多样、功能完善的单片中规模集成计数器已被大量生产和使用。以下讨论将以中规模集成计数器为主。

### 4.1.3 集成计数器

集成计数器的一般模型如图 4-2 所示。$CP_1$、$CP_2$ 分别为加法计数脉冲输入端和减法计数脉冲输入端。CU、CD 分别为加法计数进位端和减法计数借位端。$D_0 \sim D_n$ 为数据加载端,在其上加载的数据决定了计数的初始值。$Q_0 \sim Q_n$ 为计数输出端,计数器的输出数据由此取出,$R_D$ 为清零端。

每个计数器不一定有图 4-2 所示的所有控制端,可能有的还会有自己独特的控制端。合理利用这些控制端,可以用一个计数器实现多

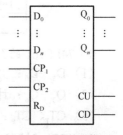

图 4-2 计数器模型

种进制的计数。

### 1. 集成同步计数器

集成同步计数器种类很多，表 4-1 为部分集成同步计数器芯片介绍。

表 4-1　集成同步计数器芯片

| 型　号 | 功　能 | 型　号 | 功　能 |
| --- | --- | --- | --- |
| 74LS160 | 四位十进制同步计数器（异步清除） | 74LS190 | 四位十进制加/减同步计数器 |
| 74LS161 | 四位二进制同步计数器（异步清除） | 74LS191 | 四位二进制加/减同步计数器 |
| 74LS162 | 四位十进制同步计数器（同步清除） | 74LS192 | 四位十进制加/减同步计数器（双时钟） |
| 74LS163 | 四位二进制同步计数器（同步清除） | 74LS193 | 四位二进制加/减同步计数器（双时钟） |

下面以四位二进制计数器 74LS161 为例，讨论集成同步计数器。

同步二进制计数器 74LS161 引脚图、国标逻辑符号和惯用符号如图 4-3 所示。

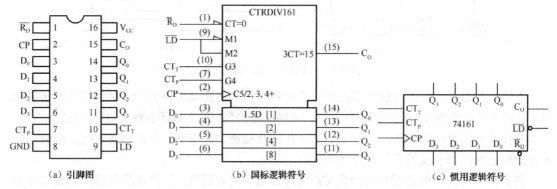

图 4-3　同步二进制计数器 74LS161（一）

74LS161 的功能表参见表 4-2。

表 4-2　74LS161 的功能表

| 输　入 | | | | | | | | | 输　出 | | | |
| --- | --- | --- | --- | --- | --- | --- | --- | --- | --- | --- | --- | --- |
| $\overline{R_D}$ | $\overline{LD}$ | $CT_P$ | $CT_T$ | CP | $D_3$ | $D_2$ | $D_1$ | $D_0$ | $Q_3$ | $Q_2$ | $Q_1$ | $Q_0$ |
| 0 | × | × | × | × | × | × | × | × | 0 | 0 | 0 | 0 |
| 1 | 0 | × | × | ↑ | $d_3$ | $d_2$ | $d_1$ | $d_0$ | $d_3$ | $d_2$ | $d_1$ | $d_0$ |
| 1 | 1 | 1 | 1 | ↑ | × | × | × | × | 计数 | | | |
| 1 | 1 | 0 | × | ↑ | × | × | × | × | 保持 | | | |
| 1 | 1 | × | 0 | ↑ | × | × | × | × | 保持 | | | |

1）74LS161 的引脚功能和符号说明

（1）$D_3 \sim D_0$：并行数据输入端。

（2）$Q_3 \sim Q_0$：计数输出端。

（3）$CT_T$、$CT_P$：计数控制端。

（4）CP：时钟输入端，即 CP 端（上升沿有效）。

（5）$C_O$：进位输出端（高电平有效）。

(6) $\overline{R_D}$：异步清除输入端（低电平有效）。

(7) $\overline{LD}$：同步并行置数控制端（低电平有效）。

2）74LS161 的功能及特点

(1) 异步清"0"。

当清除端 $\overline{R_D}$ 为低电平时，无论其他各输入端的状态如何，各触发器均被清"0"，即该计数器被清 0。清零后，$\overline{R_D}$ 端应接高电平，以不妨碍计数器的正常计数工作。

(2) 同步并行置数。

这项功能是由 $\overline{LD}$ 端控制的。当 $\overline{LD}$ 为低电平、$\overline{R_D}$ 为高电平时，在 CP 上升沿的作用下，4 个触发器同时接收并行数据输入信号，使 $Q_3Q_2Q_1Q_0 = d_3d_2d_1d_0$，计数器置入初始数值。此项操作必须由 CP 上升沿配合，并与 CP 上升沿同步，所以称为同步置数功能。

(3) 同步二进制加法计数。

在 $\overline{R_D} = \overline{LD} = 1$ 状态下，若计数控制端 $CT_T = CT_P = 1$ 时，则在 CP 上升沿的作用下，计数器实现同步 4 位二进制加法计数，其波形如图 4-4（a）所示，各计数状态如图 4-4（b）所示。若初始状态为 0000，则在此基础上加法计数到 1111 状态；若已置数 $D_3D_2D_1D_0$，则在置数基础上加法计数到 1111 状态。

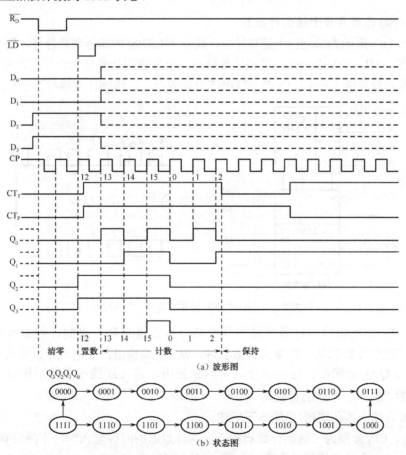

图 4-4  同步二进制计数器 74LS161（二）

### （4）保持。

在 $\overline{R_D} = \overline{LD} = 1$ 下，若 $CT_T$ 与 $CT_P$ 中有一个为 0，则计数器处于保持状态。

此外，74LS161 有超前进位功能，即当计数器状态达到最高 1111，并且计数控制端 $CT_T = 1$ 时，其进位输出端 $C_O$ 输出一个高电平脉冲。

综上所述，74LS161 是有异步清零、同步置数的 4 位同步二进制计数器。

### 2. 集成异步计数器

集成异步计数器种类很多，表 4-3 为部分集成异步计数器芯片介绍。

表 4-3  部分集成异步计数器芯片

| 型　号 | 功　能 |
| --- | --- |
| 74LS290 | 二-五-十进制异步计数器 |
| 74LS293 | 四位二进制异步计数器 |
| 74LS390 | 双二-五-十进制异步计数器 |
| 74LS393 | 双四位二进制异步计数器 |

下面以二-五-十进制计数器 74LS290、74LS390 为例，讨论集成异步计数器。

#### 1）74LS290 集成异步十进制计数器

如图 4-5（a）所示为二-五-十进制异步计数器 74LS290 的国标逻辑符号，图 4-5（b）所示为其引脚图。74LS290 由一个二进制计数器和一个五进制计数器组合而成。另外，还有异步清零端和异步置数端。其中，DIV2 和 DIV5 分别表示了二进制计数器和五进制计数器。

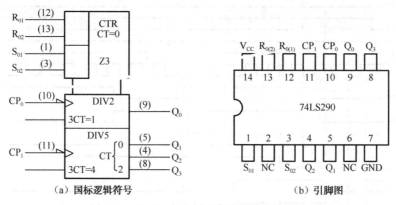

（a）国标逻辑符号　　　　　　　　　　（b）引脚图

图 4-5　二-五-十进制异步计数器 74LS290

所谓二-五-十进制异步计数器是指其内部分为二进制和五进制计数器两个独立的部分。其中，二进制计数器从 $CP_0$ 输入计数脉冲，从 $Q_0$ 端输出；五进制计数器从 $CP_1$ 输入计数脉冲，从 $Q_3Q_2Q_1$ 端输出。这两部分既可单独使用，也可连接起来使用构成十进制计数器，所以称为"二-五-十进制计数器"。

74LS290 各输入/输出端的功能如下所述。

（1）$CP_0$、$CP_1$ 分别为二进制计数器和五进制计数器的时钟输入端，下降沿有效。

（2）$R_{01}$、$R_{02}$ 为异步清零输入端。从图 4-5 中可以看出，$R_{01}$、$R_{02}$ 是"与"逻辑关系，

只有当 $R_{01}R_{02}=11$ 时，输出对应的十进制数被清零，即 $Q_3Q_2Q_1Q_0=0000$。正常计数时 $R_{01}$、$R_{02}$ 至少有一个为 0。

（3）$S_{01}$、$S_{02}$ 为异步置数端。这两个输入的关系为"与"逻辑关系，当 $S_{01}S_{02}=11$ 时，输出对应十进制数为 9，即 $Q_3Q_2Q_1Q_0=1001$。正常计数时 $S_{01}$、$S_{02}$ 至少有一个为 0。

（4）$Q_3$、$Q_2$、$Q_1$、$Q_0$ 为计数器的输出端。

2）74LS390 集成异步计数器

74LS390 为双二-五-十进制异步计数器，在一片 74LS390 集成芯片中封装了两个二-五-十进制的异步计数器。每个二-五-十进制分别有各自的清零端 CLR。74LS390 的引脚图和惯用逻辑符号如图 4-6 所示。

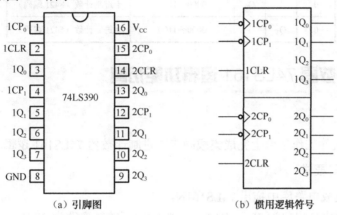

（a）引脚图　　　　　　　　　　（b）惯用逻辑符号

图 4-6　二-五-十进制异步计数器 74LS390

74LS390 的引脚说明如下所述。

（1）$CP_0$ 为二进制计数器时钟输入端，下降沿有效。

（2）$CP_1$ 为五进制计数器时钟输入端，下降沿有效。

（3）CLR 为异步清零端，高电平有效。当 CLR=1 时，输出 $Q_3Q_2Q_1Q_0=0000$。

（4）$Q_3$、$Q_2$、$Q_1$、$Q_0$ 为计数器的输出端。其中，$Q_0$ 是二进制计数器的输出端；$Q_3$、$Q_2$、$Q_1$ 是五进制计数器的输出端。如需实现十进制计数器功能，应将外部时钟接 $CP_0$，$Q_0$ 与 $CP_1$ 相连或将外部时钟接 $CP_1$，$Q_3$ 与 $CP_0$ 相连。这两种连接方式均可构成十进制计数器，但其编码结果不同，前者为 8421BCD 码，后者为 5421BCD 码，如图 4-7 所示。

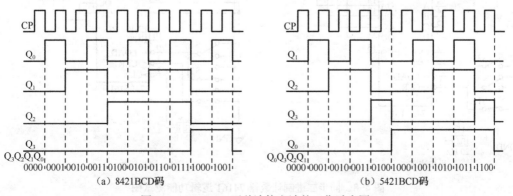

（a）8421BCD 码　　　　　　　　　　（b）5421BCD 码

图 4-7　74LS390 两种连接方法的工作时序图

74LS390 功能表参见表 4-4。

表 4-4  74LS390 功能表

| 输入 | | | 输出 | | | | 功能 |
|---|---|---|---|---|---|---|---|
| $\overline{CLR}$ | $CP_0$ | $CP_1$ | $Q_3$ | $Q_2$ | $Q_1$ | $Q_0$ | |
| 1 | × | × | 0 | 0 | 0 | 0 | 异步清零 |
| 0 | ↓ | × | — | — | — | 0-1 | 二进制计数 |
| 0 | × | ↓ | 000～100 | | | — | 五进制计数 |
| 0 | ↓ | $Q_0$ | 0000～1001 | | | | 十进制计数（8421 编码） |
| 0 | $Q_3$ | ↓ | 0000～1100 | | | | 十进制计数（5421 编码） |

## 任务 4-1  计数器 74LS161 逻辑功能仿真

### 1. 任务要求

在 Multisim 软件工作平台上完成集成同步二进制计数器 74LS161 逻辑功能仿真。

### 2. 测试步骤与要求

（1）从数字集成电路库中拖出 74LS161N。

（2）从电源库中拖出电源 $V_{CC}$、时钟源。将时钟源的频率改为 20 Hz。

（3）从指示器件库中拖出译码显示器。

（4）从基本器件库中拖出开关。

（5）按图 4-8 所示连接电路。

（6）按下仿真开关进行测试。

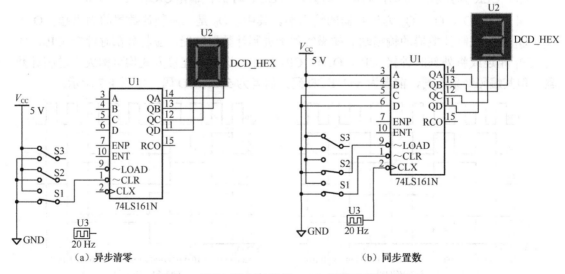

(a) 异步清零  (b) 同步置数

图 4-8  同步二进制计数器 74161 逻辑功能测试图

项目 4 计数器电路设计

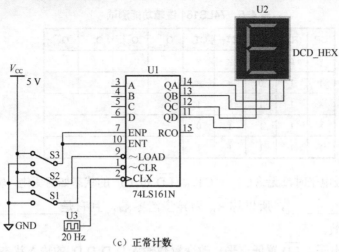

（c）正常计数

图 4-8 同步二进制计数器 74161 逻辑功能测试图（续）

## 任务 4-2 计数器 74LS161 逻辑功能测试

### 1. 任务要求

在实验箱上完成集成同步二进制计数器 74LS161 逻辑功能测试。

### 2. 测试设备与器件

数字电路实验箱 1 台
数字万用表 1 块

### 3. 测试步骤与要求

（1）按图 4-9 所示接好电路，其中 $Q_3$、$Q_2$、$Q_1$、$Q_0$、$C_O$ 端接数字电路实验箱逻辑电平指示单元，同时将 $Q_3$、$Q_2$、$Q_1$、$Q_0$ 接数码显示电路输入端 D，C，B，A；$D_0 \sim D_3$、$\overline{LD}$、$\overline{R_D}$、$CT_T$、$CT_P$ 端接实验箱逻辑开关输入单元，CP 接单次脉冲。

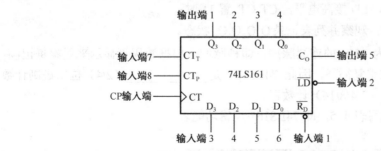

图 4-9 74LS161 逻辑功能测试

（2）检查接线无误后，打开电源。
（3）将 $\overline{R_D}$ 置低电平，改变 $CT_T$、$CT_P$、$\overline{LD}$ 和 CP 的状态，观察 $Q_3$、$Q_2$、$Q_1$、$Q_0$ 的变化，将结果记入表 4-5 中。

95

数字电子技术实践

表 4-5　74LS161 逻辑功能测试

| CP | $\overline{R_D}$ | $\overline{LD}$ | $CT_T$ | $CT_P$ | $Q_3^{n+1}$ | $Q_2^{n+1}$ | $Q_1^{n+1}$ | $Q_0^{n+1}$ |
| --- | --- | --- | --- | --- | --- | --- | --- | --- |
| × | 0 | × | × | × | | | | |
| ↑ | 1 | 0 | × | × | | | | |
| × | 1 | 1 | 0 | 1 | | | | |
| × | 1 | 1 | 1 | 0 | | | | |
| ↑ | 1 | 1 | 1 | 1 | | | | |

结论：当 $\overline{R_D}$ 置低电平时，无论 $CT_T$、$CT_P$、$\overline{LD}$ 和 CP 的状态如何变化，输出 $Q_3Q_2Q_1Q_0$ 的状态始终为_____，所以称 $\overline{R_D}$ 为异步清零端，且它是_____（高电平/低电平）有效。

（4）将 $\overline{R_D}$ 置高电平，$\overline{LD}$ 置低电平，改变置数输入 $D_3D_2D_1D_0$ 的输入状态，改变 CP 变化 1 个周期（由高电平变为低电平，再由低电平变为高电平），观察输出 $Q_3Q_2Q_1Q_0$ 的状态变化，将结果记入表 4-5 中。（状态保持时填写 $Q^{n+1}=Q^n$；置数时填写 $Q^{n+1}=D$）

结论：当 $\overline{R_D}$ 置高电平，$\overline{LD}$ 置低电平时，改变置数输入 $D_3D_2D_1D_0$ 的输入状态，输出 $Q_3Q_2Q_1Q_0$ 的状态立刻_____（变化/不变化）。当 CP 脉冲_____（上升沿/下降沿）到来时，输入端 $D_3D_2D_1D_0$ 的输入状态才反应在输出端 $Q_3Q_2Q_1Q_0$。所以称 $\overline{LD}$ 端为同步置数端，因为它和_____同步。置数的条件是 $\overline{LD}$ 应为_____（高电平/低电平），同时必须等到 CP 脉冲_____（上升沿/下降沿）的到来。

（5）将 $\overline{R_D}$ 置高电平，$\overline{LD}$ 接高电平，分别将 $CT_T CT_P$ 置 00、01、10、11，观察随着 CP 脉冲的变化输出 $Q_3Q_2Q_1Q_0$ 的状态变化。

结论：当 $\overline{R_D}$ 置高电平，$\overline{LD}$ 接高电平时，随着 CP 脉冲的变化，若 $CT_T CT_P$ 置 00 或 01 时，输出 $Q_3Q_2Q_1Q_0$ 的状态_____（变化/不变化），但 $C_O=0$；若 $CT_T CT_P$ 置 10 时，输出 $Q_3Q_2Q_1Q_0$ 的状态_____（变化/不变化），$C_O$ 保持不变；若 $CT_T CT_P$ 置 11 时，输出 $Q_3Q_2Q_1Q_0$ 的状态_____（变化/不变化），且呈现计数状态。

（6）$\overline{R_D}$ 置高电平，$\overline{LD}$ 接高电平，$CT_T CT_P$ 置 11 时：

① CP 接单次脉冲，观察并列表记录 $Q_3Q_2Q_1Q_0$ 状态。

② 将单次脉冲改为 1Hz 的连续脉冲，即秒脉冲，根据数码管显示来观察每记满____个 CP 时钟，输出状态重复循环，因此 74LS161 是_____（2/4）位二进制计数器，又称为模_____（2/4/8/16）计数器。

根据测试结果，填写表 4-5，即 74LS161 逻辑功能表。

## 任务 4-3　计数器 74LS390 逻辑功能测试

### 1. 任务要求

在实验箱上完成集成异步二-五-十进制计数器 74LS390 逻辑功能测试。

## 2. 测试设备与器件

数字电路实验箱 1 台
数字万用表 1 块

## 3. 测试步骤与要求

（1）按图 4-10 及图 4-6（a）引脚图接好测试电路。（16 脚接+5 V，8 脚接 GND）

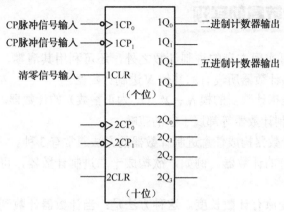

图 4-10　74LS390 逻辑功能测试电路

（2）检查接线无误后，打开电源。

（3）将清零信号 1CLR 接高电平，$1CP_0$、$1CP_1$ 分别接单次脉冲信号输入，此时，计数器的输出 $1Q_3 1Q_2 1Q_1 1Q_0$ 的状态为_____，与 $1CP_0$、$1CP_1$ 脉冲信号的输入_____（有关/无关）。所以 74LS390 的 CLR 清零信号是_____（高电平/低电平）有效。

**结论**：74LS390 中 CLR 为_____（同步/异步）清零端，_____（高电平/低电平）有效。

（4）将 1CLR 清零信号端接地，将 $1CP_0$ 接手动 CP 脉冲输入，当 CP 脉冲的_____（上升沿/下降沿）到来时，二进制计数器的输出 $1Q_0$ 的状态发生变化，从_____（0/1）到_____（0/1），下一个 CP 脉冲的_____（上升沿/下降沿）到来时，二进制计数器的输出 $1Q_0$ 的状态发生变化从_____（0/1）到_____（0/1）。画出其状态转移图及波形图。

**结论**：74LS390 中含有一个_____（二/五/十）进制的计数器。

（5）将 1CLR 清零信号端接地，将 $1CP_1$ 接手动 CP 脉冲输入，当 CP 脉冲的_____（上升沿/下降沿）到来时，二进制计数器的输出 $1Q_3 1Q_2 1Q_1$ 的状态发生变化，状态变化_____→_____→_____→_____→_____→_____。画出其状态转移图及波形图。

**结论**：74LS390 中含有一个_____（二/五/十）进制的计数器。

（6）将 $1Q_0$ 和 $1CP_1$ 相连，在 $1CP_0$ 加入手动 CP 脉冲输入，当 CP 脉冲的_____（上升沿/下降沿）到时，计数器的输出 $1Q_3 1Q_2 1Q_1 1Q_0$ 的状态发生变化，状态变化为_____→_____→_____→_____→_____→_____→_____→_____→_____→_____→_____。画出其状态转移图及波形图。

**结论**：74LS390 中的二进制计数器和五进制计数器可以构成一个_____（二/五/十）进制计数器，所构成的计数器是_____（异步/同步）计数器。

### 思考题 4-1

(1) 比较集成二进制计数器 74LS160、74LS161、74LS162、74LS163 的异同点。理解各计数器使能端的作用。什么是异步清零和同步清零？什么是异步置数和同步置数？

(2) 比较 74LS161、74LS390 的异同点。

## 4.2 任意进制计数器的实现

集成计数器除了可实现本身的进制计数之外，还可利用其清零、置数等使能端进行扩展使用，用以实现成品计数器所没有的其他 $N$ 进制计数器。

任意进制计数器是指计数器的模 $N \neq 2^n$（$n$ 为正整数）的计数器。例如，模 5、模 9、模 12 计数器以及十进制计数器等都属于它的范畴。

利用已有的集成计数器构成任意进制计数器的方法通常有 3 种。

(1) 直接选用已有的计数器。例如，欲构成十二进制计数器，可直接选用十二进制异步计数器 74LS92。

(2) 用反馈法改变原有计数长度。这种方法是：当计数器计数到某一数值时，由电路产生的置位脉冲或复位脉冲，加到计数器预置数控制端或各个触发器清零端，使计数器恢复到起始状态，从而达到改变计数器模的目的。

(3) 用两个模小的计数器串接，可以构成模为两者之积的计数器。例如，用模 6 和模 10 计数器串接起来，可以构成模 60 计数器。74LS390 构成的十进制计数器实际上就是由二进制计数器和五进制计数器进行串接构成的。

下面重点介绍使用第 2 种和第 3 种方法构成的任意进制计数器。

### 4.2.1 反馈清零法构成 $N$ 进制计数器

反馈清零法构成 $N$ 进制计数器适用于有清零端的集成计数器。

**1. 异步清零法**

异步清零法适用于具有异步清零端的集成计数器。

**实例 4-1** 用 74LS161 构成六进制加法计数器。

**解：** 利用 74LS161 的异步清零端 $\overline{R_D}$，强行中止其计数趋势，返回到初始零态。如设初态为 0，则在前 5 个计数脉冲作用下，计数器 $Q_3 \sim Q_0$ 按 4 位二进制规律从 0000～0101 正常计数。当第 6 个计数脉冲到来后，计数器状态 $Q_3 \sim Q_0 = 0110$，即 $S_6 = 0110$，将 $Q_3 \sim Q_0$ 中状态为 1 的信号作为控制信号通过与非门强行使 $\overline{R_D} = 0$，借助异步清零功能，使计数器回到 0000 状态，从而实现六进制计数。

异步清零法用集成计数器 74LS161 和与非门组成的六进制计数器电路图及状态图如图 4-11 所示。在此电路工作中，0110 状态会瞬间出现，但并不属于有效循环。

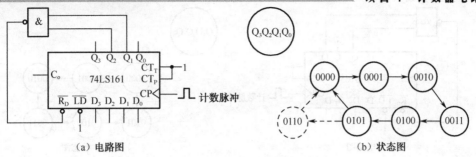

(a) 电路图　　　　　　　　　　　　　　(b) 状态图

图 4-11　异步清零法组成六进制计数器

异步清零存在以下缺点:

(1) 存在一个极短的过渡状态;

(2) 清零的可靠性较差。原因是在许多情况下，各触发器的复位速度不一致，复位快的触发器复位后立即将复位信号撤销，使复位慢的触发器来不及复位，因而造成误动作。

改进的方法是加一个基本 RS 触发器，其电路如图 4-12（a）所示，工作波形图如图 4-12（b）所示。当计数器计到 0110 时，基本 RS 触发器置 0，使 $\overline{R_D}$ 端为 0，该 0 一直持续到下一个计数脉冲的上升沿到来为止。因此该计数器能可靠置 0。

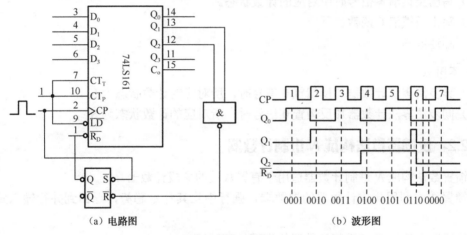

(a) 电路图　　　　　　　　　　　　　　(b) 波形图

图 4-12　改进型异步清零法组成六进制计数器

### 2. 同步清零法

同步清零法适用于具有同步清零端的集成计数器。

**实例 4-2**　用 74LS163 构成六进制加法计数器。

**解**：74LS163 为同步清零，即清零端出现有效电平时，计数器输出不能立刻为 0，只是为置 0 做好了准备，需要再输入一个 CP 脉冲，输出才能为 0。因此，应在输入第 (6-1) 个 CP 脉冲后，用 $S_{6-1}=0101$ 作为控制信号去控制电路，产生清零信号加到同步清零端。当输入第 6 个 CP 脉冲时，计数器清零。

同步清零法用集成计数器 74LS163 和与非门组成六进制计数器的电路图及状态图如图 4-13 所示。其设计步骤如下所述。

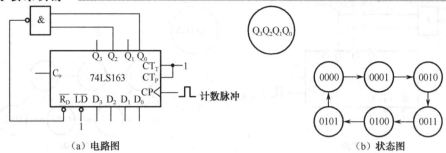

图 4-13 同步清零法用集成计数器 74LS163 和与非门组成的六进制计数器

（1）写出 $S_{6-1}$ 的二进制代码为 $S_{6-1}=0101$（正好是"5"对应的二进制数）。

（2）写出反馈置 0 函数，即

$$\overline{R_D} = \overline{Q_2 Q_0}$$

（3）连接电路。

**3. 比较同步清零法和异步清零法构成 N 进制计数器的方法之异同**

1）相同点

（1）写出反馈清零信号时所对应的计数状态。

（2）写出反馈清 0 函数。

（3）画连线图。

2）不同点

（1）异步清零法计数器加反馈置 0 信号时，所对应的计数状态为 $S_N$。

（2）同步清零法计数器加反馈置 0 信号时，所对应的计数状态为 $S_{N-1}$。

### 4.2.2 反馈置数法构成 N 进制计数器

反馈置数法构成 N 进制计数器适用于有置数端的集成计数器。

反馈置数法利用集成计数器的置数端，强行中止其计数趋势，返回到并行输入置数端状态。

利用置数功能构成 N 进制计数器的步骤如下所述。

（1）确定 N 进制计数器需用的 N 个计数状态，并确定预置数。

（2）写出加反馈置数时所对应的计数器状态。

异步置数时，异步置数与时钟脉冲无关，只要异步置数端出现有效电平，置数输入端的数据立刻被置入计数器。因此，利用异步置数功能构成 N 进制计数器时，应在输入第 N 个 CP 脉冲时，写出 $S_N$ 对应的二进制代码，输出为 1 的通过控制电路产生置数信号使计数器立即置数。

同步置数与时钟脉冲有关，当同步置数端出现有效电平时，并不能立刻置数，只是为置数创造了条件，需再输入一个 CP 脉冲才能进行置数。因此，利用同步置数功能构成 N 进制计数器时，应在输入第（N-1）个 CP 脉冲时，写出 $S_{N-1}$ 对应的二进制代码，通过控制电路产生置数信号，这样，在输入第 N 个 CP 脉冲时，计数器才被置数。

（3）写出反馈置数函数：根据 $S_N$（或 $S_{N-1}$）和置数端的有效电平写出置数信号的逻辑

表达式。

**实例 4-3** 用 74LS161 构成七进制计数器。

**解**：可采用两种方法实现：反馈置零法和反馈置数法。

（1）反馈置零法。

设计数器从 $Q_3Q_2Q_1Q_0 = 0000$ 状态开始计数，因此取 $D_3D_2D_1D_0 = 0000$。由于 74LS161 同步置数，因此可利用 74LS161 的 $\overline{LD}$ 端强行中止其计数趋势，返回到并行输入数 $D_3D_2D_1D_0$ 状态。

设计步骤如下所述。

① 写出 $S_{7-1}$ 的二进制代码，即

$$S_{7-1} = S_6 = 0110$$

② 写出反馈置数函数，即

$$\overline{LD} = \overline{Q_2Q_1}$$

③ 其电路及状态图如图 4-14 所示。

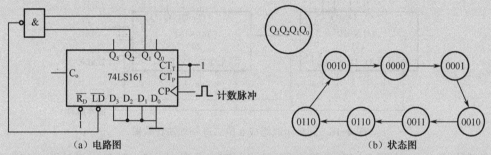

图 4-14 反馈置零法构成七进制计数器

（2）反馈置数法。

反馈置零法中计数器必须从 $Q_3Q_2Q_1Q_0 = 0000$ 开始计数，而有些情况希望计数器的输出不从零开始。例如，电梯的楼层显示、电视预置台号等，若使用置零法就无法实现，所以采取置数法来实现。例如，要实现 3~9 的循环计数功能，只需在 1001 时将输出状态置为 0011 即可，其电路及状态图如图 4-15 所示。

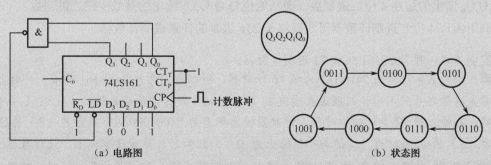

图 4-15 反馈置数法实现七进制计数器

利用反馈置数法实现 $N$ 进制计数器，应首先弄清置零或置数功能是同步还是异步，同步则反馈控制信号取自 $S_{N-1}$；异步则反馈控制信号取自 $S_N$。

综上所述，改变集成计数器的模可用反馈置零法，也可用反馈置数法。反馈置零法比较简单，反馈置数法比较灵活。但不管采用那种方法，都应首先搞清所用集成组件的清零端或预置端是异步还是同步工作方式，根据不同的工作方式选择合适的清零信号或预置信号。

### 4.2.3 计数器的级联

反馈置零法和反馈置数法只能实现模 $N$ 小于集成计数器模 $M$ 的 $N$ 进制计数器；将模 $M_1$、$M_2$、…、$M_m$ 的计数器串接起来（称为计数器的级联），可获得模 $N=M_1 \cdot M_2 \cdot \cdots \cdot M_m$ 的大容量 $N$ 进制计数器。

**1. 同步级联**

如图 4-16 所示为用两片 4 位二进制加法计数器 74LS161 采用同步级联方式构成的 8 位二进制同步加法计数器，模为 16×16=256。计数器 CP 端同时接到时钟信号，即两芯片的 CP 相连。

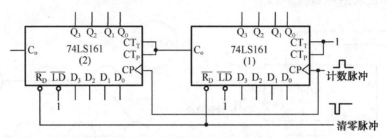

图 4-16 同步级联组成 8 位二进制加法计数器

在低位片（1）计至"15"之前，$C_{O低}=0$，禁止高位片（2）计数；当计至"15"时，$C_{O低}=1$，允许高位片（2）计数，这样，第 16 个脉冲来时，低位片返回"0"，而高位片计数一次。

每逢 16 的整数倍脉冲到来时，低位片均返回"0"，而高位片计数一次。因此，实现了 16×16=256 进制加法计数。

两个 4 位二进制计数器级联则构成 8 位二进制计数器，即 256 进制计数器。从高位 $Q_3Q_2Q_1Q_0$ 读出的是高 4 位二进制数，而从低位 $Q_3Q_2Q_1Q_0$ 读出的是低 4 位二进制数。

利用两片 4 位二进制计数器可实现小于 256 进制的任意进制计数器。

**实例 4-4** 用 74LS161 组成 72 进制计数器。

**解**：因为 $N=72$，而 74LS161 为模 16 计数器，所以要用两片 74LS161 构成此计数器。首先将两芯片采用同步级联方式连接成 256 进制计数器，然后再借助 74LS161 异步清零功能，在输入第 72 个计数脉冲后，计数器输出状态为 01001000 时，高位片（2）的 $Q_2$ 和低位片（1）的 $Q_3$ 同时为 1，使与非门输出为 0，加到两芯片异步清零端上，使计数器立即返回 00000000 状态，状态 01001000 仅在极短的瞬间出现，为过渡状态。这样，就组成了 72 进制计数器，其逻辑电路如图 4-17 所示。

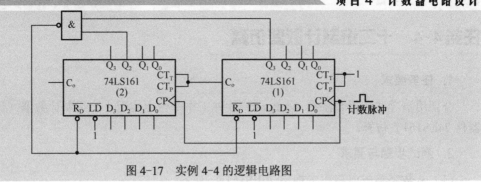

图 4-17  实例 4-4 的逻辑电路图

## 2. 异步级联

异步计数器一般没有专门的进位信号输出端，通常可以用本级的高位输出信号驱动下一级计数器计数，即用前一级的进位输出端作为后一级的时钟信号，两芯片的 CP 不相连。

用一片二-五-十进制异步加法计数器 74LS390 采用异步级联方式组成的两位 8421BCD 码十进制加法计数器如图 4-18 所示，模为 10×10=100。

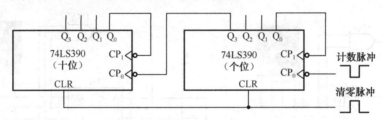

图 4-18  异步级联组成 100 进制计数器

两个十进制计数器级联构成 100 进制计数器。从高位 $Q_3Q_2Q_1Q_0$ 读出的是十位数，而从低位 $Q_3Q_2Q_1Q_0$ 读出的是个位数。

同样，用两片十进制计数器可实现小于 100 进制的任意进制计数器。

**实例 4-5**  用 74LS390 实现 64 进制计数器。

**解**：首先因为 $N=64$，74LS390 内部有两个模 10 计数器，因此采用同步级联方式可连接成 100 进制计数器。然后再借助 74LS390 异步清零功能，在输入第 64 个计数脉冲后，计数器输出状态为 01100100 时，十位片的 $Q_2Q_1$ 和个位片 $Q_2$ 同时为 1，使与门输出为 1，加到两组计数器异步清零端上，使计数器立即返回 00000000 状态，状态 01100100 仅在极短的瞬间出现，为过渡状态。这样，就组成了 64 进制计数器，其逻辑电路如图 4-19 所示。

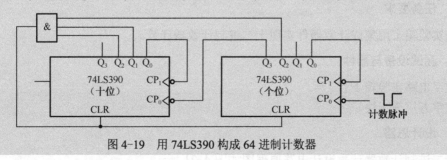

图 4-19  用 74LS390 构成 64 进制计数器

数字电子技术实践

## 任务4-4 十二进制计数器仿真

### 1. 任务要求

分别用清零法和置数法在 Multisum 软件工作平台上实现十二进制计数器（计数器采用器件 74LS161）仿真。

### 2. 测试步骤与要求

（1）从数字集成电路库中拖出 74LS161N。
（2）从电源库中拖出电源 $V_{CC}$、时钟源。将时钟源的频率改为 20 Hz。
（3）从指示器件库中拖出译码显示器。
（4）从机电系统库中拖出开关。
（5）分别按图 4-20（a）和图 4-20（b）所示连接电路。
（6）按下仿真开关进行测试。

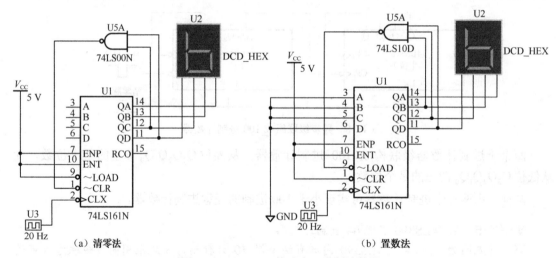

图 4-20　74LS161 构成十二进制计数器

## 任务4-5 十二进制计数器设计

### 1. 任务要求

在实验箱上用集成计数器件实现十二进制计数器计数。

### 2. 测试设备与器件

数字电路实验箱 1 台
数字万用表 1 块

### 3. 设计思路

十二进制计数器计数设计电路原理图如图 4-21 所示。

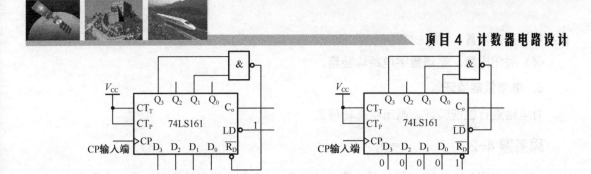

图 4-21 十二进制计数器

### 4．工具、器材准备

根据电原理图要求，选择元器件型号。集成计数器选用 74LS161；清零法中的与非门用 74LS00；置数法中的三输入与非门用 74LS10。

### 5．电路装接与安装调试

（1）将 74LS161 引脚号标注在图 4-21 所示的测试接线图中。

（2）在数字电路实验箱上，按图 4-21（a）所示连接电路。

（3）检查接线无误后，打开电源。

（4）利用实验箱的手动 CP 时钟输入，观察每一个 CP 时钟的上升沿到来时输出端 $Q_3Q_2Q_1Q_0$ 状态的变化，并将其变化填入表 4-6 中。

表 4-6 计数器输出状态表

| 序 号 | CP | $Q_3Q_2Q_1Q_0$ | 序 号 | CP | $Q_3Q_2Q_1Q_0$ |
|---|---|---|---|---|---|
| 1 | ↑ |  | 7 | ↑ |  |
| 2 | ↑ |  | 8 | ↑ |  |
| 3 | ↑ |  | 9 | ↑ |  |
| 4 | ↑ |  | 10 | ↑ |  |
| 5 | ↑ |  | 11 | ↑ |  |
| 6 | ↑ |  | 12 | ↑ |  |

（5）按图 4-21（b）连接电路，利用实验仪上的手动 CP 时钟输入，观察每一个 CP 时钟的上升沿到来时输出端 $Q_3Q_2Q_1Q_0$ 状态的变化，并将其变化填入表 4-7 中。

表 4-7 计数器输出状态表

| 序 号 | CP | $Q_3Q_2Q_1Q_0$ | 序 号 | CP | $Q_3Q_2Q_1Q_0$ |
|---|---|---|---|---|---|
| 1 | ↑ |  | 7 | ↑ |  |
| 2 | ↑ |  | 8 | ↑ |  |
| 3 | ↑ |  | 9 | ↑ |  |
| 4 | ↑ |  | 10 | ↑ |  |
| 5 | ↑ |  | 11 | ↑ |  |
| 6 | ↑ |  | 12 | ↑ |  |

（6）关闭电源，整理数字电路实验箱。

### 6. 电路性能验证

对电路进行性能验证，画出状态转移图。

**思考题 4-2**

（1）如何用 74LS163 和简单门电路构成一个 0～9 的十进制计数器，画出电路图。

（2）如何用 74LS161 和简单门电路构成一个 1～8 的计数器，画出电路图。

（3）如何用 74LS390 构成一个十二进制和六十进制计数器，画出电路图。

（4）若要构成一个十进制计数器，你会用哪些方法来实现，试画出电路图。（对所用芯片没有限制）

## 4.3 脉冲信号获取

在数字电路或系统中，常常需要各种脉冲波形，例如时钟脉冲、控制过程的定时信号等。这些脉冲波形的获取通常采用两种方法：一种是利用脉冲信号产生器直接产生；另一种则是通过对已有信号进行变换，使之满足系统的要求。

### 4.3.1 脉冲产生电路

产生脉冲信号的电路通常称为振荡器（或多谐振荡器）。多谐振荡器又称为无稳态电路，在数字系统中常用于产生矩形脉冲，作为时钟脉冲信号源。其主要工作原理是通过电容的充电和放电，使两个暂稳态相互交替，从而产生自激振荡，输出周期性的矩形脉冲信号。

#### 1. 石英晶体振荡器电路

由石英晶体 JT、CMOS 非门、RC 所构成的石英晶体振荡电路如图 4-22 所示。石英晶体（Crystal）是一种具有较高频率稳定性及准确性的选频器件，晶体工作在 $f_S$ 与 $f_P$ 之间，等效一电感，与 $C_1$、$C_2$ 共同构成电容三点式振荡电路。图中输出波形的振荡频率取决于 JT 的谐振频率。门 $G_1$ 用于振荡，门 $G_2$ 用于缓冲整形。$R_f$ 是反馈电阻，通常在几十兆欧之间选取，一般选取 22 MΩ。$C_1$ 是频率微调电容器，$C_2$ 用于温度特性校正。

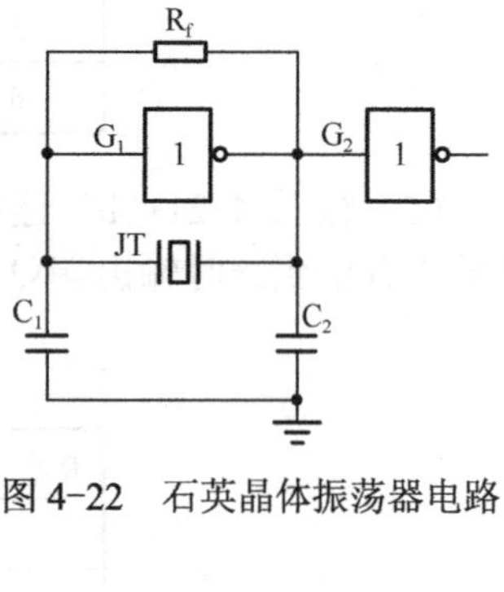

图 4-22 石英晶体振荡器电路

当要求多谐振荡器的工作频率稳定性很高时，常用石英晶体作为信号频率的基准。例如，时钟电路中的秒脉冲信号。

#### 2. CMOS 非门构成的多谐振荡器

CMOS 非门构成的多谐振荡器如图 4-23 所示。图中 $R_S$ 的作用为隔离 $G_1$ 输入端和 RC 放电回路，改善电源电压 $V_{DD}$ 变化对振荡频率的影响，提高频率稳定性。通常取 $R_S \geq 2R$，但是 $R_S$ 过大会造成 $u_{I1}$ 波形移相，影响振荡频率的提高。

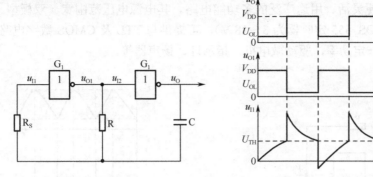

图 4-23  CMOS 非门构成的多谐振荡器

输出方波的幅度为

$$U_o \approx V_{DD} \tag{4-1}$$

输出方波的周期为

$$T = 2RC\ln\frac{V_{DD}}{V_{DD}-U_{TH}} = 2RC\ln 2 \tag{4-2}$$

CMOS 非门构成的多谐振荡器工作原理如下所述。

(1) 假设通电后，电路处于 $G_1$ 门关断，输出 $u_{O1}$ 为高电平；$G_2$ 门开启，输出 $u_O$ 为低电平。我们将它称为第一暂态。这时 $u_{O1}$ 经 R 对 C 进行充电，使 $u_{I1}$ 逐步升高。当 $u_{I1}$ 升高到 $u_{I1} \geq U_{TH}$ 时，电路状态发生翻转。$G_1$ 门开启，输出 $u_{O1}$ 跳变为低电平；$G_2$ 门关断，输出 $u_O$ 跳变为高电平。与此同时，$u_{I1}$ 随着 $u_O$ 上跳，电路进入第二暂态。

(2) 电路处于 $u_{O1}$ 低电平、$u_O$ 高电平状态后，电容 C 经 R 先进行放电，再进行反充电，$u_{I1}$ 逐步下降。当 $u_{I1} \leq U_{TH}$ 时，电路再次翻转。$G_1$ 门关断，输出 $u_{O1}$ 为高电平；$G_2$ 门开启，输出 $u_O$ 为低电平。与此同时，$u_{I1}$ 随着 $u_O$ 下跳，电路回到第一暂态。如此反复循环，在 $G_2$ 输出端得到振荡方波。

**3. 由施密特触发器组成的多谐振荡器**

施密特触发器（Schmitt Trigger）是脉冲波形变化中经常使用的一种电路，它在性能上有以下两个重要的特点。

(1) 输入信号从低电平上升过程中，电路状态转换时的输入电平与输入信号从高电平下降过程中对应的输入转换电平不同。也就是说，施密特触发器有两个阈值电平 $V_{T+}$ 和 $V_{T-}$。

(2) 在电路状态转换时，通过电路内部的正反馈过程使输出电压波形的边沿变得更陡。

如图 4-24 所示是由施密特触发器构成振荡器的电路图，振荡器工作的原理是：接通电源瞬间，电容 C 上的电压为 0 V，输出 $V_o$ 为高电平。$V_o$ 通过 R 对 C 充电，当 $V_i$ 上的电压大于 $V_{T+}$ 时，输出 $V_o$ 翻转为低电平，输出 $V_o \approx 0$ V，此时电容 C 通过电阻 R 放电，当电容上电压即 $V_i < V_{T-}$ 时，则 $V_o$ 又翻转为高电平。如此周而复始，形成了如图 4-25 所示的振荡器波形图。此电路最大可能的振荡频率为 10 MHz。

**4. 由 555 时基电路构成的多谐振荡器电路**

1) 555 时基电路工作原理

555 时基电路是一种介于模拟电路与数字电路之间的一种混合电路。555 定时器是一种结构简单、使用方便灵活、用途广泛的多功能电路。其电源电压范围宽（双极型 555 定时器为 5~16 V，CMOS 555 定时器为 3~18 V），可提供与 TTL 及 CMOS 数字电路兼容的接口电平，还可输出一定功率，驱动微电机、指示灯、扬声器等。

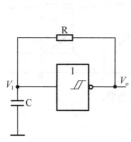

图 4-24 施密特触发器构成的振荡器电路

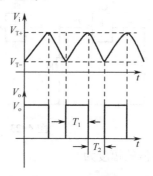

图 4-25 $V_i$ 和 $V_o$ 的波形图

如图 4-26 所示为 555 时基电路的内部结构框图及引脚分布图。

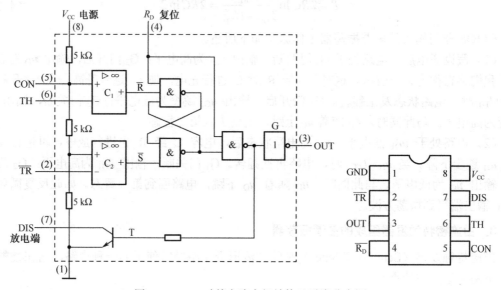

图 4-26 555 时基电路内部结构及引脚分布图

555 时基电路可分为双极型和 CMOS 型两类。它们的引脚分布、功能是相同的，双极型通常用 3 位数字"555"表示，双定时器用"556"表示。而 CMOS 型通常用 4 位数字"7555"表示，双定时器用"7556"表示。

555 时基电路为 8 引脚双排直插式封装（DIP），其各引脚的功能说明参见表 4-8。

表 4-8 555 时基电路各引脚功能一览表

| 引脚号 | 字母代号 | 引脚说明 | 引脚号 | 字母代号 | 引脚说明 |
|---|---|---|---|---|---|
| 1 | GND | 公共接地端 | 5 | CON | 控制信号输入端 |
| 2 | $\overline{TR}$ | 触发信号输入端 | 6 | TH | 阈值信号输入端 |
| 3 | OUT | 信号输出端 | 7 | DIS | 放电控制端 |
| 4 | $\overline{R_D}$ | 复位信号输入端 | 8 | $V_{CC}$ | 电源电压输入端 |

555 时基电路功能真值表参见表 4-9。

表 4-9 555 时基电路功能真值表

| 输入 | | | 输出 | |
|---|---|---|---|---|
| $U_{TH}$ | $\overline{U_{TR}}$ | $\overline{R_D}$ | OUT | 放电管状态 |
| × | × | 0 | 0 | 导通 |
| $>\frac{2}{3}V_{CC}$ | $>\frac{1}{3}V_{CC}$ | 1 | 0 | 导通 |
| $<\frac{2}{3}V_{CC}$ | $>\frac{1}{3}V_{CC}$ | 1 | 保持 | 保持 |
| $<\frac{2}{3}V_{CC}$ | $<\frac{1}{3}V_{CC}$ | 1 | 1 | 截止 |

2）555 时基电路构成的多谐振荡器

555 定时器和外围定时元件组成无稳态多谐振荡器电路如图 4-27 所示，电路中的 $R_1$、$R_2$、C 为定时元件，它们和 555 时基电路共同确定了振荡电路的振荡频率。电路中的 Q 端（3 脚）为振荡电路的输出端，当定时元件的参数确定之后，输出端会产生一定频率的输出信号。

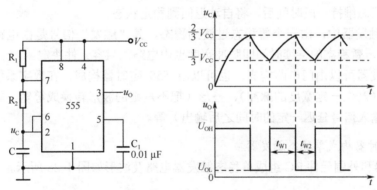

图 4-27 用 555 定时器构成的多谐振荡器及工作波形

接通电源后，$V_{CC}$ 通过 $R_1$、$R_2$ 对 C 充电，$U_c$ 上升。开始时 $U_c<\frac{1}{3}V_{CC}$，即复位控制端 $U_{TH}<\frac{2}{3}V_{CC}$，置位控制端 $U_{TR}<\frac{1}{3}V_{CC}$，$U_o=1$，555 时基电路内部的放电三极管 T 截止。

随后 $U_c$ 越充越高，当 $U_c \geqslant \frac{2}{3}V_{CC}$ 时，复位控制端 $U_{TH}>\frac{2}{3}V_{CC}$，置位控制端 $U_{TR}>\frac{1}{3}V_{CC}$，$U_o=0$，放电管饱和导通，C 通过 $R_2$ 经放电三极管 T 放电，$U_c$ 下降。

当 $U_c \leqslant \frac{1}{3}V_{CC}$ 时，又回到复位控制端 $U_{TH}<\frac{2}{3}V_{CC}$，置位控制端 $U_{TR}<\frac{1}{3}V_{CC}$，$U_o=1$，放电管截止，C 停止放电而重新充电。如此反复形成振荡，其波形如图 4-27（b）所示。

输出方波信号的周期计算如下所述。

充电时间为

$$T_1 = 0.7(R_1 + R_2) \tag{4-3}$$

放电时间为

$$T_2 = 0.7R_2 \qquad (4-4)$$

所以,方波信号的周期为

$$T = T_1 + T_2 = 0.7(R_1 + 2R_2) \qquad (4-5)$$

555 电路的频率主要取决于外围电阻和电容器件,因此只要改变外围电阻 R 和电容 C 就能改变输出信号的振荡频率。

### 4.3.2 脉冲整形变换电路

在数字电路中,时钟脉冲信号也可通过整形电路变换得到。整形电路是将已有的周期性变化波形变换为符合要求的矩形脉冲。单稳态触发器和施密特触发器是脉冲波形变换中常用的电路。

**1. 单稳态触发器**

单稳态触发器具有下列特点。

(1) 单稳态触发器有一个稳定状态和一个暂稳状态。

(2) 在外来触发脉冲作用下,能够由稳定状态翻转到暂稳状态。

(3) 暂稳状态维持一段时间后,将自动返回到稳定状态。

在单稳态触发器中,由一个暂稳态过渡到稳态,其"触发"信号是由电路内部电容充(放)电提供的,暂稳态的持续时间即脉冲宽度也由电路的阻容元件决定。

单稳态触发器可以由门电路构成,也可以由 555 定时器构成。在数字系统和装置中,一般用于定时(产生一定宽度的脉冲)、整形(把不规则的波形转换成等宽、等幅的脉冲)以及延时(将输入信号延迟一定的时间之后输出)等。

**1) 555 定时器构成单稳态触发器**

555 定时器和外围元件 RC 组成单稳态触发器电路及波形如图 4-28 所示。

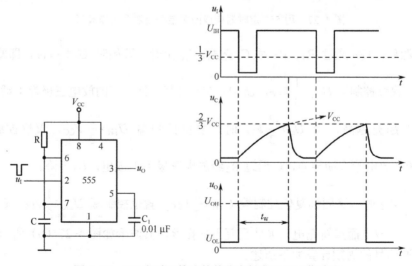

图 4-28 555 定时器构成的单稳态触发器及工作波形

## 项目 4 计数器电路设计

静态时,触发输入 $U_I$ 为高电平,$V_{CC}$ 通过 R 对 C 充电,$U_C$ 上升。当 $U_C \geq \frac{2}{3}V_{CC}$ 时,复位控制端 $U_{TH} > \frac{2}{3}V_{CC}$,而 $U_I$ 高电平使置位控制端 $U_{TR} > \frac{1}{3}V_{CC}$,定时器复位,$U_O = 0$,定时器内部放电管 T 饱和导通,C 经放电三极管 T 对地迅速放电,电压 $U_C$ 由 $\frac{2}{3}V_{CC}$ 迅速降至 0 V。由于 $U_I$ 高电平使 $U_{TR} > \frac{1}{3}V_{CC}$,因此即使 $U_C \leq \frac{2}{3}V_{CC}$,定时器也仍保持复位,$U_O = 0$,放电管始终饱和导通,C 可以将电放完,$U_O \approx 0$,电路处于稳态。

触发输入 $U_I$ 为低电平时,置位控制端 $U_{TR} < \frac{1}{3}V_{CC}$,而此时 $U_C \approx 0$ 又使复位控制端 $U_{TH} < \frac{2}{3}V_{CC}$,则定时器置位,$U_O = 1$,放电管截止,电路进入暂稳态。之后,$V_{CC}$ 通过 R 对 C 充电,$U_C$ 上升。当 $U_C \geq \frac{2}{3}V_{CC}$ 时,复位控制端 $U_{TH} > \frac{2}{3}V_{CC}$,而此时 $U_I$ 已完成触发回到高电平使置位控制端 $U_{TR} > \frac{1}{3}V_{CC}$,定时器又复位,$U_O = 0$,放电管又导通,C 经放电三极管对地迅速放电,电路回到稳态。

555 定时器构成单稳态电路的暂稳态时间可估算为

$$t_w = 1.1RC \tag{4-6}$$

上式说明,单稳态触发器输出脉冲宽度 $t_w$ 仅取决于定时元件 R,C 的取值,与输入触发信号和电源电压无关,调节 R,C 的取值,即可方便地调节 $t_w$。

此电路要求输入触发脉冲宽度要小于 $t_w$,并且必须等电路恢复后方可再次触发,所以为不可重复触发电路。

2)微分型单稳态触发器

微分型单稳态触发器电路组成及工作波形如图 4-29 所示。

(1)稳定状态。

在无触发信号($U_I$ 为高电平)时,电路处于稳态。由于 $R < R_{OFF}$,因此 $G_2$ 关门,输出 $U_{O2}$ 为高电平,$G_1$ 开门,输出 $U_{O1}$ 为低电平。

(2)触发翻转。

当在 $U_I$ 端加触发信号(负脉冲)时,$G_1$ 关门,$U_{O1}$ 跳到高电平。由于电容 C 上电压不突变,使 $U_R$ 也随之上跳,$G_2$ 开门,$U_{O2}$ 变为低电平并反馈到 $G_1$ 的输入端以维持 $G_1$ 的关门状态,电路进入暂稳态。

(3)自动翻转。

进入暂稳态后,$U_{O1}$ 的高电平要通过电阻 R 到地给 C 充电,使 $U_R$ 逐渐下降。当 $U_R$ 达到 $U_{TH}$ 后,$G_2$ 关门,$U_{O2}$ 变回高电平,也使 $G_1$ 开门,$U_{O1}$ 变回低电平,电路回到稳态。

(4)恢复过程。

暂态结束后,$U_{O1}$ 回到低电平,已充电的 C 又沿原路放电,使 $U_C$ 恢复到稳态值,为下一次触发翻转做准备。

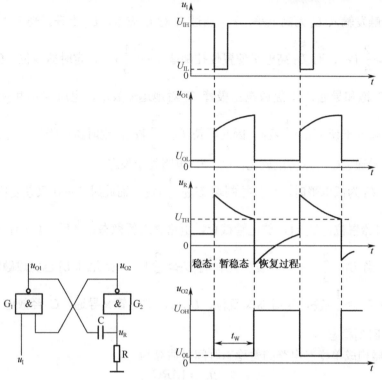

图 4-29 微分型单稳态触发器

由以上分析可知，单稳态触发器的输出脉冲宽度取决于暂稳态的维持时间，也就是取决于电阻 R 和电容 C 的大小，可近似估算为

$$t_W = 0.7RC \tag{4-7}$$

在应用微分型单稳态触发器时对触发信号 $u_I$ 的脉宽和周期要有一定的限制。要求脉宽要小于暂稳态时间，周期要大于暂稳态加恢复过程时间，这样才能保证电路正常工作。

3）集成单稳态触发器

集成单稳态触发器外接元件少，工作稳定，使用灵活方便，因而更为实用。

集成单稳态触发器根据工作状态的不同可分为不可重复触发和可重复触发两种。其主要区别在于：不可重复触发单稳态触发器一旦被触发进入暂稳态以后，再加入触发脉冲不会影响电路的工作过程，必须在暂稳态结束以后，它才能接受下一个触发脉冲而转入下一个暂稳态，如图 4-30（a）所示；可重复触发的单稳态在电路被触发而进入暂稳态以后，如果再次加入触发脉冲，电路将重新被触发，使输出脉冲再继续维持一个 $t_W$ 宽度，如图 4-30（b）所示。

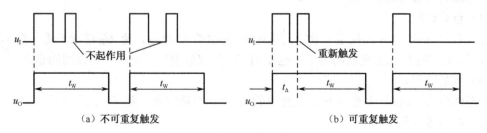

（a）不可重复触发　　　　　　　　　　（b）可重复触发

图 4-30 集成单稳态触发器

74LS121、74LS221 都是不可重复触发的单稳态触发器。属于可重复触发的触发器有 74LS122、74LS123 等。

有些集成单稳态触发器上还设有复位端（如 74LS221、74LS122、74LS123 等）。通过复位端加入低电平信号能立即终止暂稳态过程，使输出端返回低电平。

下面以 TTL 集成单稳态触发器 74LS121 为例介绍单稳态触发器。

如图 4-31 所示为 TTL 集成单稳态触发器 74121 的逻辑符号及引脚图。该器件是在普通微分型单稳态触发器的基础上附加以输入控制电路和输出缓冲电路而形成的。

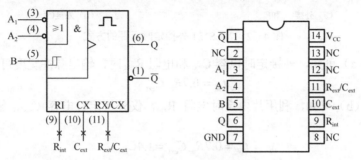

图 4-31  集成单稳态触发器 74LS121

单稳态触发器 74LS121 有两种触发方式：下降沿触发和上升沿触发。$A_1$ 和 $A_2$ 是两个下降沿有效的触发输入端，B 是上升沿有效的触发信号输入端。

表 4-10 是集成单稳态触发器 74LS121 的功能表。其中，×表示任意值；↓表示电平从高到低的跳变；↑表示电平从低到高的跳变。

表 4-10  集成单稳态触发器 74LS121 的功能表

| 输入 | | | 输出 | | 说　明 |
|---|---|---|---|---|---|
| $A_1$ | $A_2$ | B | Q | $\overline{Q}$ | |
| 0 | × | 1 | 0 | 1 | 稳态 |
| × | 0 | 1 | 0 | 1 | |
| × | × | 0 | 0 | 1 | |
| 1 | 1 | × | 0 | 1 | |
| ↓ | 1 | 1 | ⊓ | ⊔ | 触发暂稳态 |
| 1 | ↓ | 1 | ⊓ | ⊔ | |
| ↓ | ↓ | 1 | ⊓ | ⊔ | |
| 0 | × | ↑ | ⊓ | ⊔ | |
| × | 0 | ↑ | ⊓ | ⊔ | |

Q 和 $\overline{Q}$ 是两个状态互补的输出端。74LS121 外接定时元件的方式如图 4-32 所示。$R_{ext}/C_{ext}$、$C_{ext}$ 是外接定时电阻和电容的连接端，外接定时电阻 $R_{ext}$（阻值可在 1.4～40 kΩ 之间选择）应一端接 $V_{CC}$（引脚 14），另一端接引脚 11。外接定时电容 $C_{ext}$（一般在 10 pF～10 μF 之间选择）一端接引脚 10，另一端接引脚 11 即可。若 C 是电解电容，则其正极接引脚 10，负极接引脚 11。74LS121 内部已经设置了一个 2 kΩ 的定时电阻，$R_{int}$（引脚 9）是其

引出端，不外接定时电阻 $R_{ext}$，可将引脚 9 与引脚 14 连接起来即可，接电阻 $R_{ext}$ 时则应让引脚 9 悬空。

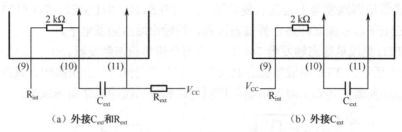

图 4-32  74LS121 外接定时元件的方式

由图 4-32（a）可知，外接定时电容 $C_{ext}$ 和电阻 $R_{ext}$ 时，输出脉冲宽度可估算为

$$t_W = 0.7 R_{int} C_{ext} \tag{4-8}$$

由图 4-32（b）可知，利用片内定时电阻 $R_{int}$，仅外接定时电容 $C_{ext}$，输出脉冲宽度可估算为

$$t_W = 0.7 R_{int} C_{ext} = 1.4 C_{ext} \tag{4-9}$$

### 2. 施密特触发器

施密特触发器是一种能够把任意输入波形整形成为适合于数字电路需要的矩形脉冲电路。施密特触发器有两个稳定状态，它的两个稳定状态是靠两个不同的输入电平来维持的。施密特触发器可以由 555 定时器构成，也可以由分立元件和集成门电路组成。

1）用 555 定时器构成施密特触发器

如图 4-33 所示，假设输入为三角波电压信号，由电路可知，当输入 $U_I < \frac{1}{3} V_{CC}$ 时，输出 $U_O$ 为高电平；当输入 $U_I > \frac{2}{3} V_{CC}$ 时，输出 $U_O$ 为低电平。其工作波形如图 4-34 所示。

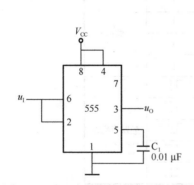

图 4-33  555 定时器构成施密特触发器

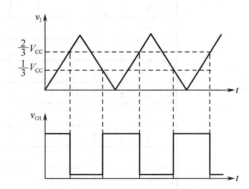

图 4-34  555 定时器组成施密特触发器的波形图

可以看出，此电路的正、负向阈值电压分别为

$$V_{T+} = \frac{2}{3} V_{CC} \tag{4-10}$$

$$V_{T-} = \frac{1}{3} V_{CC} \tag{4-11}$$

回差电压为

$$V_H = V_{T+} - V_{T-} = \frac{1}{3}V_{CC} \tag{4-12}$$

2）集成施密特触发器

施密特触发器电路应用十分广泛，所以市场上有专门的集成电路产品出售，称为施密特触发门电路。集成施密特触发器性能的一致性好，触发阈值稳定，使用方便。

（1）CMOS 集成施密特触发器。

如图 4-35 所示为 CMOS 集成施密特触发器 CC40106（六反相器）的引线图。

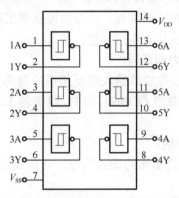

图 4-35　CMOS 集成施密特触发器 CC40106 引线图

集成施密特触发器 CC40106 的主要静态参数介绍参见表 4-11。

表 4-11　集成施密特触发器 CC40106 的主要静态参数

| 电源电压 $V_{DD}$ | $V_{T+}$最小值 | $V_{T+}$最大值 | $V_{T-}$最小值 | $V_{T-}$最大值 | $\Delta V_T$最小值 | $\Delta V_T$最大值 | 单位 |
| --- | --- | --- | --- | --- | --- | --- | --- |
| 5 | 2.2 | 3.6 | 0.9 | 2.8 | 0.3 | 1.6 | V |
| 10 | 4.6 | 7.1 | 2.5 | 5.2 | 1.2 | 3.4 | V |
| 15 | 6.8 | 10.8 | 4 | 7.4 | 1.6 | 5 | V |

（2）TTL 集成施密特触发器。

如图 4-36 所示为 TTL 集成施密特触发器与非门 74LS14 的引线图。

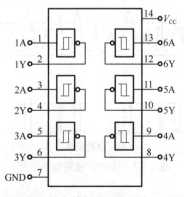

图 4-36　TTL 集成施密特触发器与非门 74LS14 引线图

TTL 集成施密特触发器几个主要参数的典型值参见表 4-12。

表 4-12  TTL 集成施密特触发器的几个主要参数

| 器件型号 | 延迟时间/ns | 每门功耗/mW | $V_{T+}$/V | $V_{T-}$/V | $\Delta V_T$/V |
|---|---|---|---|---|---|
| 74LS14 | 15 | 8.6 | 1.6 | 0.8 | 0.8 |
| 74LS132 | 15 | 8.8 | 1.6 | 0.8 | 0.8 |
| 74LS13 | 16.5 | 8.75 | 1.6 | 0.8 | 0.8 |

TTL 施密特触发与非门和缓冲器具有以下特点。
① 输入信号边沿的变化即使非常缓慢,电路也能正常工作。
② 对于阈值电压和滞回电压均有温度补偿。
③ 带负载能力和抗干扰能力都很强。

集成施密特触发器不仅可以做成单输入端反相缓冲器形式,还可以做成多输入端与非门形式,如 CMOS 四 2 输入与非门 CC4093,TTL 四 2 输入与非门 74LS132 和双 4 输入与非门 74LS13 等。

(3) 施密特触发器的应用举例。
① 用作接口电路——将缓慢变化的输入信号,转换成为符合 TTL 系统要求的脉冲波形,如图 4-37(a)所示。
② 用作整形电路——把不规则的输入信号整形成为矩形脉冲,如图 4-37(b)所示。
③ 用于脉冲鉴幅——将幅值大于 $V_{T+}$ 的脉冲选出,如图 4-37(c)所示。

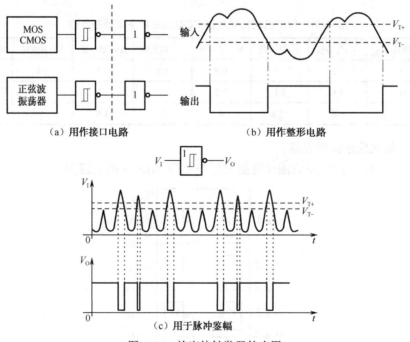

图 4-37  施密特触发器的应用

## 任务 4-6 数字钟秒脉冲信号设计

### 1. 任务要求

用 CD4060 及外围器件产生 1Hz 的周期信号。

### 2. 测试设备与器件

数字电路实验箱 1 台
数字万用表 1 块
CD4060
74LS74
32 768 Hz 晶振
电容（20 pF）
电阻（20 M）

### 3. 设计思路

数字钟秒脉冲信号作为时钟基准，精准度要求很高，可采用石英晶体振荡器获取。

如图 4-38 所示，石英晶体振荡器电路产生 32.768 kHz 的信号。为使电路具有更高的 $Q$ 值以提高振荡频率的稳定性，同时为减小电路功耗，应选择 CMOS 非门。另外，若为适应低电压工作条件，还应考虑采用 74HC 系列（低压可达 2 V）的集成电路。

由于晶体振荡器输出频率较高，为了得到 1 Hz 的秒信号输入，需要对振荡器输出信号进行分频。

图 4-39 所示是由 74LS161 组成的分频器电路图，将其分频为频率为 1 Hz 的脉冲信号。由于 32 768=$2^{15}$，经 15 级二分频后就可获得频率为 1 Hz 的脉冲信号。因此，将四片 74LS161 级联，从高位片（4）的 Q2 输出即可。

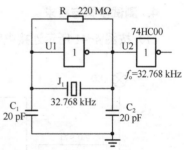

图 4-38 数字钟基准信号产生电路

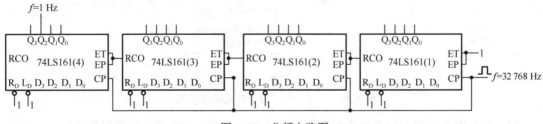

图 4-39 分频电路图

实际上，从尽量减少元器件数量的角度来考虑，这里可选多极二进制计数电路 CD4060 或 CD4040 来构成分频电路。CD4060 和 CD4040 在数字集成电路中可实现的分频次数最高，而且 CD4060 还包含振荡电路所需的非门，使用更为方便。

CD4060 内部由一个振荡器和 14 级二进制串行计数器组成，因此可以直接实现振荡和分频的功能。振荡器的结构可以是 RC 或晶振电路。由于秒脉冲的精度和准确度决定了数字钟的质量，通常用晶体振荡器实现。如图 4-40 所示为 CD4060 引脚排列与外接晶振电路图。

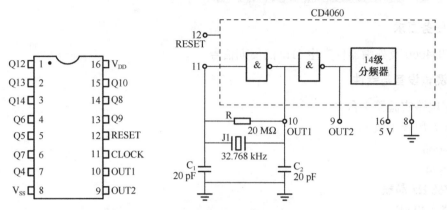

图 4-40　CD4060 引脚排列与外接晶振电路图

综上所述，选择 CD4060 可同时构成振荡电路和分频电路。在 10 脚和 11 脚之间接入振荡器外接元件即可实现振荡。CD4060 分频器输出端 Q14 是对晶振进行了 $2^{14}$ 分频，即 2 Hz 信号，若想获取 1 Hz 的信号，还需经过 2 分频电路产生。

### 4. 测试步骤与要求

（1）按图 4-41 所示连接电路。

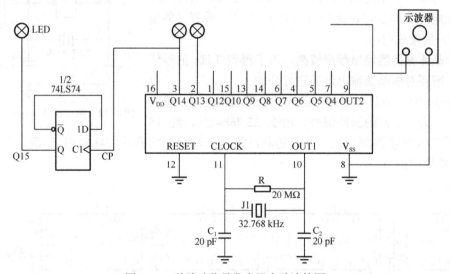

图 4-41　秒脉冲信号发生器实验连接图

（2）打开电源，用示波器依次观察 Q4、Q5、…、Q14 输出端波形，记录周期，计算出频率，并画出 Q4、Q5 端波形。

（3）Q14 输出端所接的 D 触发器构成二分频电路，在其输出接 LED 指示灯，Q14、Q13 分别接指示灯 LED，观察并定性记录实验现象。

（4）通过计算，得出 CD4060 各输出端理论上的输出频率，与前面的测试值列表比较。

（5）整理实验报告。

## 任务 4-7　数字钟电路设计

### 1. 任务要求

用中小规模集成电路设计并制作一数字钟，要求如下所述。

（1）设计时间以 12 小时为一个周期。

（2）显示时、分、秒。

（3）具有校时功能，可以分别对时及分进行单独校正，使其校正到标准时间。

（4）计时过程具有报时功能，当时间到达整点前 10 秒进行蜂鸣报时。

（5）为了保证计时的稳定及准确必须由晶体振荡器提供标准时间基准信号。

### 2. 设计思路

数字钟实际上是一个对标准频率（1 Hz）进行计数的计数电路。振荡器产生的时钟信号经过分频器形成秒脉冲信号，秒脉冲信号输入计数器进行计数，并把累计结果以"时"、"分"、"秒"的数字显示出来。秒计数器电路计满 60 后触发分计数器电路，分计数器电路计满 60 后触发时计数器电路，当计满 12 小时后又开始下一轮的循环计数。由于计数的起始时间不可能与标准时间（如北京时间）一致，故需要在电路上加一个校时电路可以对分和时进行校时。

标准的 1 Hz 时间信号必须做到准确稳定。通常使用石英晶体振荡器电路构成数字钟。图 4-42 所示为数字钟的构成框图。

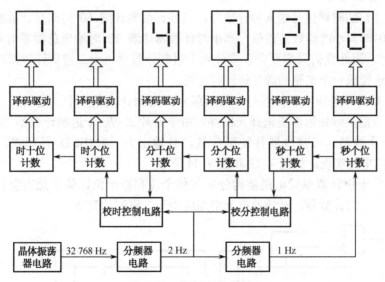

图 4-42　数字钟构成框图

数字钟电路主要包括以下几部分。

（1）晶体振荡器电路：晶体振荡器是构成数字式时钟的核心，它保证了时钟的走时准确及稳定。晶体振荡器电路给数字钟提供一个频率稳定准确的 32.768 kHz 的方波信号，可保证数字钟的走时准确及稳定。不管是指针式的电子钟还是数字显示的电子钟，都使用了晶体振荡器电路。

（2）分频器电路：分频器电路将 32.768 kHz 的方波信号经 32768（$2^{15}$）次分频后得到 1 Hz 的方波信号供秒计数器进行计数。分频器实际上也就是计数器。

（3）时间计数器电路：时间计数电路由秒计数器、分计数器及时计数器电路构成，其中秒计数器、分计数器为六十进制计数器，而根据设计要求，时计数器为十二进制计数器。

（4）译码驱动电路：计数器实现了对时间的累计以 8421BCD 码形式输出，为了将计数器输出的 8421BCD 码显示出来，需用显示译码电路将计数器的输出数码转换为显示数码，一般这种译码器通常称为七段译码显示驱动器。

（5）校时电路：当重新接通电源或走时出现误差时都需要对时间进行校正。通常，校正时间的方法是：首先截断正常的计数通路，然后再进行人工触发计数或将频率较高的方波信号加到需要校正的计数单元的输入端，校正好后，再转入正常计时状态即可。

（6）整点报时电路：一般时钟都应具备整点报时电路功能，即在时间出现整点前数秒内，数字钟会自动报时，以示提醒。其作用方式是发出连续的或有节奏的音频声波，较复杂的也可以是实时语音提示。根据要求，电路应在整点前 10 秒钟内开始整点报时，即当时间在 59 分 50 秒到 59 分 59 秒期间，报时电路连续发出有节奏的音频声波。

### 3．实施步骤

1）秒脉冲产生电路

秒脉冲产生电路在本项目任务 4-6 中已实施。

2）时间计数器电路

将周期为 1 s 的时钟信号送入秒计数器，当秒计数器计满 60 时向分计数器进位；当分计数器计满 60 时向小时计数器进位；当小时计数器计满 12 时给出总清零信号，数字钟又从 0 开始计时。因此我们只需要分别设计六十进制计数器、十二进制计数器即可，将秒、分、时计数器连接成一个完整的数字钟计时电路。

根据设计要求，选择元器件型号。能实现六十进制计数器、十二进制（二十四进制）计数器等，可根据实际使用需要选择元器件。由于一片二-五-十进制计数器 74LS390 内部有两组十进制计数器，可减少器件使用数量，且输出为 8421BCD 码形式。本方案选用 74LS390 及与门电路实现，如图 4-43 和图 4-44 所示。

分个位和分十位计数单元电路结构分别与秒个位和秒十位计数单元完全相同，因此只要设计两个六十进制计数器。时计数单元电路应为十二进制计数器。

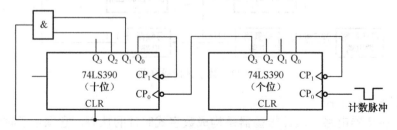

图 4-43　74LS390 构成六十进制计数器

项目4 计数器电路设计

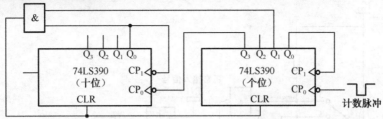

图4-44 74LS390构成十二进制计数器

当秒计数器计满60时，向分计数器进位，这时秒计数器十位$Q_2$产生一个下降沿，用此下降沿作为分计数器个位的$CP_0$，当分计数器计满60时，向时计数器进位，也是用分计数器十位$Q_2$作为时个位计数器的$CP_0$脉冲。这样就可实现时钟的计时功能。

在数字电路实验箱上按照图4-43和图4-44连接，秒计数器的CP脉冲由任务4-6输出提供。每个计数器的输出分别按顺序送数码管驱动电路。检查接线无误后，打开电源。

调试电路，观察数码管显示是否符合时钟计数规律。

3）校时校分电路

用COMS与或非门实现时或分的校时电路，如图4-45所示。

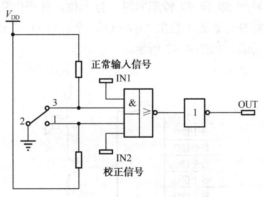

图4-45 校时电路

按图4-45连接电路，其中分校时电路的正常输入信号$IN_1$取自秒十位计数器的进位端$Q_2$（断开$Q_2$与分个位计时器CP端的连接），校正信号$IN_2$直接取自分频器产生的1Hz或2Hz信号。输出OUT接至分个位计时器的CP端。

同样，校时电路是首先断开计时器时个位的CP端，校时电路的正常输入信号$IN_1$取自分十位计数器的进位端$Q_2$，校正信号$IN_2$直接取自分频器产生的1Hz或2Hz信号。输出信号OUT接至时个位计时器的CP端。

当开关拨向下时，开关"1"端接低电平，与校正信号相与后输出为0，而开关"3"端接高电平，正常输入信号可以顺利送至输出，故校时电路处于正常计时状态；当开关拨向上时，情况正好与上述相反，这时校时电路处于校时状态。显然，这样的校时电路需要两个。

由于上述校时电路存在开关抖动问题，因此实际使用时，须对开关的状态进行消除抖动处理。消抖处理在数字电路中通常采用基本RS触发器构成开关消抖动电路，如图4-46所示为带有消抖动电路的校正电路。此时开关拨向上为正常计时状态，拨向下为校时状态。

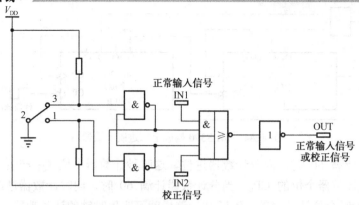

图 4-46 带有消抖动电路的校正电路

按图 4-46 检查电路连接是否正常。正常后，打开电源。分校时、时校时开关向上拨，观察电路是否具有计时功能。开关拨向下，校正信号接秒脉冲信号，检查电路是否以 1 s 周期自动校时校分。

4）整点报时电路

当时间在 59 分 50 秒到 59 分 59 秒期间时，分十位、分个位和秒十位均保持不变，分别为 5、9 和 5，因此可将分计数器十位的 $Q_2$ 和 $Q_0$、个位的 $Q_3$ 和 $Q_0$ 及秒计数器十位的 $Q_2$ 和 $Q_0$ 相与非，实现报时功能，如图 4-47 所示。

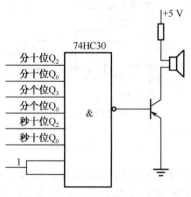

图 4-47 整点报时电路

报时电路可选 74HC30 来构成。74HC30 为 8 输入与非门。蜂鸣器是一种压电电声器件，当其两端加上一个直流电压时会发出鸣叫声，蜂鸣器两引脚是有极性的，其较长引脚应与高电位相连。与非门 74HC30 输出端应与蜂鸣器的负极相连，而蜂鸣器的正极则应与电源相连。

检查电路连接是否正常。打开电源，观察是否能实现整点报时。

## 知识梳理与总结

本项目主要介绍了时序逻辑电路计数器及其应用。

时序逻辑电路由触发器和组合逻辑电路组成，是一种具有记忆功能的电路，其中触发器必不可少。时序逻辑电路的输出不仅与输入有关，而且还与电路原来的状态有关。

计数器是快速记录输入脉冲个数的部件。计数器是简单而又常用的时序逻辑器件，它们在数字系统中的应用十分广泛。按计数进制分有：二进制计数器、十进制计数器和任意进制计数器；按计数增减分有：加法计数器、减法计数器和加/减计数器；按触发器翻转是否同步分有：同步计数器和异步计数器。计数器除了用于计数外，还常用于分频、定时等。

计数器的功能表较为全面地反映了计数器的功能，看懂功能表是正确使用计数器的第一步，因此必须掌握。

二进制或十进制计数器有许多集成电路产品可供选择，而任意进制计数器如果没有现成的产品，可将二进制或十进制计数器通过引入适当的反馈控制信号来实现。实现方法介绍如下。

（1）用同步置零端或置数端获得 $N$ 进制计数器。这时应根据$S_{N-1}$对应的二进制代码写反馈函数。

（2）用异步置零端或置数端获得 $N$ 进制计数器。这时应根据$S_N$对应的二进制代码写反馈函数。

（3）当需要扩大计数器容量时，可将多片集成计数器进行级联。

在数字电路或系统中，常常需要各种脉冲波形，例如时钟脉冲、控制过程的定时信号等。这些脉冲波形的获取通常采用两种方法：一种是利用脉冲信号产生器直接产生，比如多谐振荡器；另一种则是通过对已有信号进行变换，比如单稳态触发器、施密特触发器等。

## 练习题 4

### 一、选择题

4.1 组合逻辑电路____。
A．有记忆功能 B．无记忆功能
C．有时有，有时没有 D．要根据电路确定

4.2 在下列逻辑电路中，不是组合逻辑电路的有____。
A．译码器 B．编码器 C．全加器 D．计数器

4.3 有四个触发器的二进制计数器，它们有____种计数状态。
A．8 B．16 C．256 D．64

4.4 要实现七进制计数，需____片 D 触发器构成。
A．1 B．3 C．2 D．4

4.5 把一个五进制计数器与一个四进制计数器串联可得到____进制计数器。
A．四 B．五 C．九 D．二十

4.6 $N$ 个触发器可以构成最大计数长度（进制数）为____的计数器。
A．$N$ B．$2N$ C．$N^2$ D．$2^N$

4.7 同步时序电路和异步时序电路比较，其差异在于后者____。
A．没有触发器 B．没有统一的时钟脉冲控制
C．没有稳定状态 D．输出只与内部状态有关

4.8 欲设计 0，1，2，3，4，5，6，7 这几个数的计数器，如果设计合理，采用同步二进制计数器，最少应使用____级触发器。
   A. 2　　　　　　B. 3　　　　　　C. 4　　　　　　D. 8

4.9 用二进制异步计数器从 0 做加法，计到十进制数 178，则最少需要____个触发器。
   A. 2　　　　B. 6　　　　C. 7　　　　D. 8　　　　E. 10

## 二、填空题

4.10 某计数器的状态转换图如图 4-48 所示，试问该计数器是一个_____进制减法计数器，它有_____个有效状态，_____个无效状态，该电路_____（能或不能）自启动。

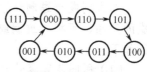

图 4-48　状态图

4.11 数字电路按照是否有记忆功能通常可分为两类：_____、_____。

4.12 时序逻辑电路按照其触发器是否有统一的时钟控制分为_____时序电路和_____时序电路。

4.13 脉冲波形的获取通常采用两种方法：一种是_____，另一种是_____。

## 三、判断题

4.14 时序电路不含有记忆功能的器件。　　　　　　　　　　　　　　　　　　　（　　）
4.15 同步时序电路具有统一的时钟 CP 控制。　　　　　　　　　　　　　　　　（　　）
4.16 同步时序电路由组合电路和存储器两部分组成。　　　　　　　　　　　　　（　　）
4.17 N 进制计数器可以实现 N 分频。　　　　　　　　　　　　　　　　　　　　（　　）
4.18 计数器的模是指构成计数器的触发器的个数。　　　　　　　　　　　　　　（　　）
4.19 把一个五进制计数器与一个十进制计数器串联可得到十五进制计数器。　（　　）
4.20 利用反馈归零法获得 N 进制计数器时，若为异步置零方式，则状态 $S_N$ 只是短暂的过渡状态，不能稳定而是立刻变为 0 状态。　　　　　　　　　　　　　（　　）
4.21 组合电路不含有记忆功能的器件。　　　　　　　　　　　　　　　　　　　（　　）

## 四、应用题

4.22 试用 74LS161 集成计数器及同步置零法设计一个十二进制计数器。

4.23 试用 74160 设计一个九十进制计数器。

4.24 试用 74LS290 实现六进制计数器。

4.25 分析如图 4-49 所示电路，说明功能。

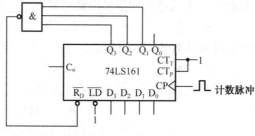

图 4-49　题 4.25 图

# 项目 5　可编程逻辑电路设计

数字电路按规模分，可以分为小规模集成数字电路、中规模集成数字电路、大规模集成数字电路、超大规模集成数字电路。前面我们介绍的中、小规模数字集成电路（例如 74 系列、4000 系列）都属于通用型数字集成电路。近年来，可编程逻辑器件（PLD）特别是现场可编程门阵列（FPGA）的飞速进步，不仅简化了系统的设计过程，而且将硬件与软件相结合，使器件的功能更加完善，使用更加灵活，也使得系统的硬件结构简单、可靠性提高，有着很好的应用前景。

## 5.1 可编程逻辑器件的结构性能与开发设计

Altera 是世界上最大的可编程逻辑器件的供应商之一。Altera 公司生产的 CPLD 器件和 FPGA 器件规模较大，适合于时序、组合等逻辑电路应用场合，被广泛应用于产品的原型设计和产品生产之中。MAX+plusII 软件是 Altera 公司的 PLD 开发软件，提供 FPGA/CPLD 开发集成环境，在 MAX+plusII 上可以完成设计输入、元件适配、时序仿真、功能仿真、编程下载整个流程，它提供了一种与结构无关的设计环境，使设计者能方便地进行设计输入、快速处理和器件编程。

### 5.1.1 可编程逻辑器件（PLD）的分类与结构

在数字电子系统领域，存在三种基本的器件类型：存储器、微处理器和逻辑器件。存储器用来存储随机信息；微处理器执行软件指令来完成范围广泛的任务；而逻辑器件提供特定的功能，包括器件与器件间的接口、数据通信、信号处理、数据显示、时序和控制操作，以及系统运行所需要的所有其他功能。

逻辑器件又可分为两大类：固定逻辑器件和可编程逻辑器件（Programmable Logic Device，PLD）。固定逻辑器件具有固定的逻辑功能，器件中的电路是永久性的，一旦制造完成，就无法改变，如 74 及其改进系列、CD4000 系列、74HC 系列等。可编程逻辑器件是由用户编程实现所需逻辑功能的数字集成电路，而且可在任何时间改变，从而完成许多种不同的功能。

在 20 世纪 80 年代初，PLD 结构简单，主要用于集成多个分立逻辑器件，还可以用来实现逻辑代数方程。进入 20 世纪 90 年代后，可编程逻辑器件的发展十分迅速，主要表现为三个方面：一是规模越来越大；二是速度越来越高；三是电路结构越来越灵活，电路资源更加丰富。目前已经有集成度在 300 万门以上、系统频率为 100 MHz 以上的 PLD 供用户使用，有些可编程逻辑器件中还集成了微处理器、数字信号处理单元和存储器等。这样，一个完整的数字系统甚至仅用一片可编程逻辑器件就可以实现，实现片上系统（System On Chip，SOC）设计。

对于可编程逻辑器件，设计人员可利用强大的 EDA 软件工具快速开发、仿真和测试设计，然后将设计编程到器件中进行实际测试。设计中使用的 PLD 器件与正式生产时所使用的 PLD 完全相同。这样应用 PLD 进行电子系统设计也比采用定制固定逻辑器件时周期短、效率高。采用 PLD 的另一个优点是在设计阶段中可根据需要修改电路，直到对设计工作感到满意为止。这是因为 PLD 基于可重写的存储器技术——要改变设计，只需要简单地对器件进行重新编程。一旦设计完成，可立即投入生产，只需要利用最终软件设计文件简单地编程所需要数量的 PLD 就可以了。

**1. 可编程逻辑器件的发展**

可编程逻辑器件的发展可以划分为 4 个阶段。

（1）从 20 世纪 70 年代初到 20 世纪 70 年代中为第 1 阶段。

第 1 阶段的可编程器件只有简单的可编程只读存储器（PROM）、紫外线可擦除只读存储（EPROM）和电可擦只读存储器（EEPROM）3 种，由于结构的限制，它们只能完成简单的数字逻辑功能。

（2）20 世纪 70 年代中到 20 世纪 80 年代中为第 2 阶段。

第 2 阶段出现了结构上稍微复杂的可编程阵列逻辑（PAL）和通用阵列逻辑（GAL）器件，正式被称为 PLD，能够完成各种逻辑运算功能。典型的 PLD 由"与"、"非"阵列组成，用"与或"表达式来实现任意组合逻辑，所以 PLD 能以乘积和形式完成大量的逻辑组合。

（3）20 世纪 80 年代到 20 世纪 90 年代末为第 3 阶段。

第 3 阶段 Xilinx 和 Altera 公司分别推出了与标准门阵列类似的 FPGA 和类似于 PAL 结构的扩展性 CPLD，提高了逻辑运算的速度，具有体系结构和逻辑单元灵活、集成度高以及适用范围宽等特点，兼容了 PLD 和通用门阵列的优点，能够实现超大规模的电路，编程方式也很灵活，成为产品原型设计和中小规模（一般小于 10 000 门）产品生产的首选。

（4）20 世纪 90 年代末到目前为第 4 阶段。

第 4 阶段出现了 SOPC 和 SOC 技术，是 PLD 和 ASIC 技术融合的结果，涵盖了实时化数字信号处理技术、高速数据收发器、复杂计算以及嵌入式系统设计技术的全部内容。

如图 5-1（a）所示是早期的可编程器件 PAL，如图 5-1（b）所示是 Altera 公司 FLEX10K 系列的可编程器件 CPLD，如图 5-1（c）所示是 Altera 公司的 Stratix II 系列的可编程器件 FPGA。早期的可编程器件从芯片上的字可看到 GAL 或 PAL 的字样，很容易判断出 GAL 还是 PAL；现在的可编程器件生产厂商均以系列的形式推出产品，如 Altera 公司的 MAX7000 系列为 CPLD、CYCLONE 系列为 PFGA。一个系列的可编程器件又有着不同的规模，器件的外形尺寸一般与芯片的规模相应，并且提供不同的封装以适应不同的应用要求。所以单从可编程逻辑器件的外形和封装并看不出芯片是 CPLD 还是 FPGA。芯片的信息可从芯片表面的印字中得到一些，例如图 5-1（b）和图 5-1（c）所示的芯片中，第一排字是厂商的标记，第二排字是芯片所属的系列，第三排字是该芯片的具体型号，按照系列名或芯片型号可从互联网上查找芯片的资料、了解芯片的类型规模速度等信息。

(a) PAL　　　　　　(b) CPLD　　　　　　(c) FPGA

图 5-1　早期的可编程器件 PAL 和现在的可编程器件 CPLD、FPGA

**2．可编程逻辑器件的分类**

目前常用的可编程逻辑器件都是从与或阵列和门阵列两种基本结构发展起来的，所以从结构上可将可编程逻辑器件分为两大类：PLD 和 FPGA。将基本结构为与或阵列的器件称为 PLD，将基本结构为门阵列的器件称为 FPGA。

可编程逻辑器件根据按其集成度分有低密度 PLD（LDPLD）和高密度 PLD（HDPLD）两类。

低密度 PLD 是早期开发的器件，集成密度约为每片 700 个等效门以下，主要产品有 PROM、现场可编程逻辑阵列（Filed Programmable Logic Array，FPLA）、可编程阵列逻辑（Programmable Array Logic，PAL）、通用阵列逻辑（Generic Array Logic，GAL）。这些器件结构简单，具有成本低、速度高、设计简便等优点，但其规模小，难以实现复杂的逻辑。

高密度 PLD 是 20 世纪 80 年代中期发展起来的可编程逻辑器件，其产品主要包括可擦除的可编程逻辑器件（Erasable Programmable Logic Device，EPLD）、复杂的可编程逻辑器件（Complex Programmable Logic Device，CPLD）和现场可编程门阵列（Field Programmable Gate Array，FPGA）等几种类型。其中 EPLD 和 CPLD 是在 PAL 和 GAL 基础上发展起来的，其基本结构由与或阵列组成，因此通常称为阵列型 PLD，而 FPGA 具有门阵列的结构形式，通常称为单元型 PLD。

在各类可编程逻辑器件中，目前广泛应用的是以 CPLD 和 FPGA 为代表的高密度可编程逻辑器件，大多是 SRAM 或 EEPROM 编程工艺、CMOS 制造工艺。

### 3. 简单 PLD 的基本结构和表示方法

1）PLD 基本结构

PLD 的基本结构如图 5-2 所示，它由输入电路、与阵列、或阵列和输出电路四部分组成。其中，输入电路，又称输入缓冲电路，可以产生输入变量的原变量和反变量；与阵列由与门构成，用来产生乘积项；或阵列由或门构成，用来产生乘积项之和形式的函数；输出电路相对于不同的 PLD 有所不同，有些是组合输出结构，可产生组合电路，有些是时序输出结构，可形成时序电路。输出信号还可通过内部通路反馈到与阵列的输入端。

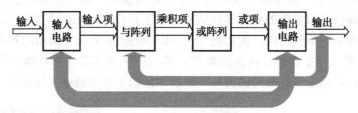

图 5-2　PLD 的基本结构

2）PLD 电路表示法

PLD 电路表示法与传统表示法有所不同，主要因为 PLD 的阵列规模十分庞大，如用传统表示法极不方便，如图 5-3 所示，给出了 PLD 的三种连接方式。连线交叉处有实点的表示固定连接；有符号"×"的表示编程连接；连线单纯交叉表示不连接。

图 5-3　PLD 电路的表示方法

如图 5-4 所示中是一个三输入与门的两种表示法，即传统表示法和 PLD 电路表示法。在输入项很多的情况下，PLD 表示法显得简洁方便。

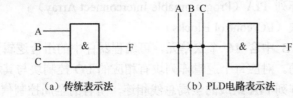

(a) 传统表示法　　　　(b) PLD电路表示法

图 5-4　三输入与门的两种表示方法

### 4. 复杂可编程器件（CPLD）的内部结构

复杂可编程器件 CPLD 是随着用户对可编程器件的集成度要求不断提高而发展起来的，其基本结构与 PAL/GAL 相仿，是基于与或阵列的乘积项结构，但集成度要高得多。CPLD 大都是由 EEPROM 和 Flash 工艺制造的，可反复编程，一上电就可以工作，无须其他芯片配合。采用这种结构的商用 CPLD 的芯片较多，其性能也各有特点。

Altera 公司是全球最大的 CPLD 和 FPGA 供应商之一，它的 PLD 器件和开发软件在国内应用的非常广泛，本节将以 Altera 公司应用较为广泛的 MAX7000 系列器件为例来介绍 CPLD 的基本结构和原理。如图 5-5 所示为 Altera 公司 MAX7000 系列的 CPLD 器件内部框图。

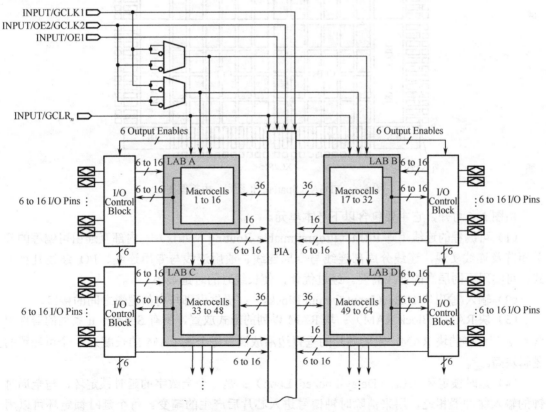

图 5-5　CPLD（MAX7000 系列）内部框图

从框图中可以看出一块 CPLD 芯片内部主要组成部分有：

（1）逻辑阵列块 LABs（Logic Array Blocks）；

（2）可编程的互联阵列 PIA（Programmable Interconnect Array）；

（3）输入输出控制块（I/O control Blocks）。

每个逻辑阵列块 LAB 中含 16 个宏单元，可编程器件中的组合逻辑资源和触发器资源就是由这些宏单元提供的。对应每个逻辑阵列块有相应的 I/O 控制块与其相连，几个逻辑阵列块通过可编程的连线阵列 PIA 组成的全局总线相连，所有的全局控制信号、所有的 I/O 引脚、所有的宏单元都是 PIA 的输入信号。此外，从图 5-5 中可见，每个逻辑阵列块 LAB 的输出信号可直接送到可编程的连线阵列 PIA 和 I/O 控制块。

**5. 现场可编程门阵列（FPGA）的内部结构**

如图 5-6 所示为 Xilinx 公司 Spartan-Ⅱ 系列的 FPGA 器件内部框图。

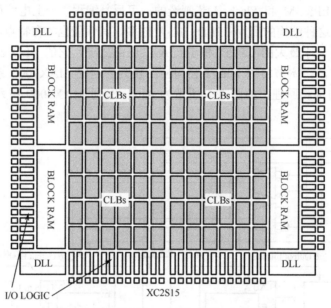

图 5-6　FPGA（Spartan-Ⅱ 系列）内部框图

由图 5-6 可知，它主要包含以下基本单元。

（1）可编程的连线矩阵 PRM（Programmable Routing Matrix）：内部互连由可编程的开关矩阵及连线实现，连线分局部连线与全局连线、通用连线与专用连线、I/O 连线几种形式，可实现不同层次的连线需要。经过优化，使长线时的时延最小。

（2）输入/输出块 IOBs（Input/Output Blocks）：提供引脚与内部逻辑之间的接口。

（3）块 RAM（Block RAM）：块 RAM 以列的形式放置，所有 Spartan-Ⅱ 系列的器件中含有 2 列这样的块 RAM，沿着芯片的垂直边沿放满。每个块 RAM 的长度为 4 个可配置的逻辑块高。

（4）延时锁定环 DLL（Delay-Locked Loop）：是一个全数字的延时锁定环，与全局时钟的输入缓冲器相连，用来消除时钟信号进入芯片后产生的畸变。每个延时锁定环可以用来驱动 2 个全局时钟网络。延时锁定环根据输入时钟的频率调整延时，使得内部的全局时钟正好比输入的全局时钟信号延时一个周期，保证内部触发器上得到的时钟信号与实际输入的时钟信号同步。除了消除全局时钟的分布时延外，延时锁定环还提供时钟信号源的 4

个、正交信号、提供时钟信号的 1.5, 2, 2.5, 3, 4, 5, 8 或 16 倍频或分频，并可以输出其中的 6 个信号。

（5）可配置的逻辑块 CLBs（Configurable Logic blocks）：为实现逻辑功能提供所需的逻辑资源；每个 CLBs 含 4 个逻辑单元 LC（Logic Cell）。

### 6. CPLD 和 FPGA 的性能差异

尽管 FPGA 和 CPLD 都是可编程 ASIC 器件，有很多共同特点，但 CPLD 和 FPGA 在结构上的差异，也使其具有各自的特点。

（1）CPLD 更适合完成各种算法和组合逻辑，FPGA 更适合于完成时序逻辑，也就是说，FPGA 更适合于触发器丰富的结构，而 CPLD 更适合于触发器有限而乘积项丰富的结构。

（2）CPLD 的连续式布线结构决定了它的时序延迟是均匀的和可预测的，而 FPGA 的分段式布线结构决定了其延迟的不可预测性。

（3）在编程上 FPGA 比 CPLD 具有更大的灵活性。CPLD 通过修改具有固定内连电路的逻辑功能来编程，FPGA 主要通过改变内部连线的布线来编程；FPGA 可在逻辑门下编程，而 CPLD 是在逻辑块下编程。

（4）FPGA 的集成度比 CPLD 高，具有更复杂的布线结构和逻辑实现。

（5）CPLD 比 FPGA 使用起来更方便。CPLD 的编程采用 EEPROM 或 FAST FLASH 技术，无需外部存储器芯片，使用简单；而 FPGA 的编程信息需存放在外部存储器上，使用方法复杂。

（6）CPLD 的速度比 FPGA 快，并且具有较大的时间可预测性。这是由于 FPGA 是门级编程，并且 CLB 之间采用分布式互联，而 CPLD 是逻辑块级编程，并且其逻辑块之间的互联是集总式的。

（7）在编程方式上，CPLD 主要是基于 EEPROM 或 FLASH 存储器编程，编程次数可达 1 万次，优点是系统断电时编程信息也不丢失。CPLD 又可分为在编程器上编程和在系统编程两类。FPGA 大部分是基于 SRAM 编程，编程信息在系统断电时丢失，每次上电时，需从器件外部将编程数据重新写入 SRAM 中。

（8）CPLD 保密性好，FPGA 保密性差。

（9）一般情况下，CPLD 的功耗要比 FPGA 大且集成度越高越明显。

CPLD 与 FPGA 的结构、性能对照参见表 5-1。

表 5-1 CPLD 与 FPGA 的结构、性能对照表

| | CPLD | FPGA |
| --- | --- | --- |
| 单元数目 | 少（最高数万门） | 多（最高百万门） |
| 单元粒度 | 大（PAL 结构） | 小（PROM）结构 |
| 单元功能 | 强 | 弱 |
| 互联方式 | 集总总线 | 分段总线 |
| 引脚时延 | 确定、可预测 | 不确定、不可预测 |
| 编程工艺 | EPROM、EEROM、FLASH | SRAM |

续表

| | CPLD | FPGA |
|---|---|---|
| 编程类型 | ROM 型 | RAM 型（需外加存储器） |
| 信息 | 固定 | 可实时重构 |
| 编程方式 | 在线可编程 | 在线重配置 |
| 加密性能 | 可加密 | 不能加密 |

### 5.1.2 EDA 设计流程

**1. EDA 与传统电子设计方法的比较**

传统的数字电子系统或 IC 设计中，手工设计占了较大的比例。手工设计一般先按电子系统的具体功能要求进行功能划分，然后对每个子模块画出真值表，用卡诺图进行手工逻辑简化，写出布尔表达式，画出相应的逻辑线路图，再据此选择元器件，设计电路板，最后进行实测和调试。

相比之下，EDA 技术有很大不同。

（1）采用硬件描述语言作为设计输入。
（2）库的引入。
（3）设计文档的管理。
（4）强大的系统建模、电路仿真功能。
（5）具有自主知识产权。
（6）开发技术的标准化、规范化以及 IP 核的重用性。
（7）适用于高效率大规模系统设计的自顶向下设计方案。
（8）全方位利用计算机自动设计、仿真和测试技术。
（9）对设计者的硬件知识和硬件要求低。
（10）与以 CPU 为主的电路系统相比，EDA 技术具有更好的高速性能。
（11）纯硬件系统的高可靠性。

**2. FPGA/CPLD 设计流程**

FPGA/CPLD 的设计流程分为设计输入、综合、适配、仿真、编程下载和硬件测试六个方面。FPGA/CPLD 设计流程如图 5-7 所示。

1）设计输入（原理图/HDL 文本编辑）

设计输入有图形输入和 HDL 文本编辑输入两种形式。

（1）图形输入。

图形输入通常包括原理图输入、状态图输入和波形图输入三种常用方法。

① 原理图输入方式。

利用 EDA 工具提供的图形编辑器以原理图的方式进行输入。原理图输入方式比较容易掌握，直观且方便，很容易被人接受，而且编辑器中有许多现成的单元器件可以利用，自己也可以根据需要设计元件。

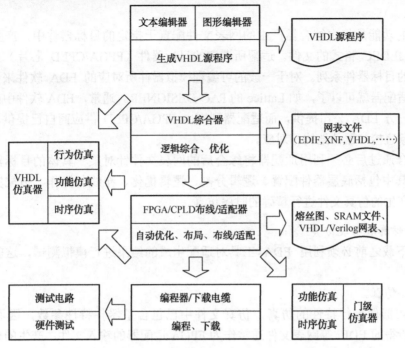

图 5-7  FPGA/CPLD 设计流程

随着设计规模增大，设计的易读性迅速下降，对于图中密密麻麻的电路连线，极难搞清电路的实际功能；一旦完成，电路结构的改变将十分困难，因而几乎没有可再利用的设计模块；移植困难、入档困难、交流困难、设计交付困难，因为不可能存在一个标准化的原理图编辑器。

② 状态图输入方式。

以图形的方式表示状态图进行输入。当填好时钟信号名、状态转换条件、状态机类型等要素后，可以自动生成 VHDL 程序。这种设计方式简化了状态机的设计。

③ 波形图输入方式。

将待设计的电路看成是一个黑盒子，只需告诉 EDA 工具黑盒子电路的输入和输出时序波形图，EDA 工具即能据此完成黑盒子电路的设计。

（2）VHDL 文本输入。

VHDL 软件程序的文本方式：最一般化、最具普遍性的输入方法，任何支持硬件描述语言（Very-High-Speed Integrated Circuit Hardware Description Language，VHDL）的 EDA 工具都支持文本方式的编辑和编译。

2）综合

VHDL 的软件设计与硬件的可实现性挂钩，需要利用 EDA 软件系统的综合器进行逻辑综合。综合器的功能就是将设计者在 EDA 平台上完成的针对某个系统项目的 HDL、原理图或状态图形的描述，针对给定硬件结构组件进行编译、优化、转换和综合，最终获得门级电路甚至更底层的电路描述文件。

### 3）适配

适配器的功能是将由综合器产生的网表文件配置于指定的目标器件中，产生最终的下载文件，如 JEDEC 格式的文件。适配所选定的目标器件（FPGA/CPLD 芯片）必须属于原综合器指定的目标器件系列。对于一般的可编程模拟器件所对应的 EDA 软件来说，一般仅需包含一个适配器就可以了，如 Lattice 的 PAC-DESIGNER。通常，EDA 软件中的综合器可由专业的第三方 EDA 公司提供，而适配器则需由 FPGA/CPLD 供应商自己提供，因为适配器的适配对象直接与器件结构相对应。

逻辑综合通过后必须利用适配器将综合后的网表文件针对某一具体的目标器进行逻辑映射操作，其中包括底层器件配置、逻辑分割、逻辑优化、布线与操作，适配完成后可以利用适配所产生的仿真文件进行精确的时序仿真。

### 4）时序仿真和功能仿真

在编程下载之前必须利用 EDA 工具对适配生成的结果进行模拟测试，这就是所谓的仿真。

（1）时序仿真。

接近真实器件运行特性的仿真，仿真文件中已包含了器件特性参数，因而仿真精度高。综合后所得的 EDIF 等网表文件通常作为 FPGA 适配器的输入文件，产生的仿真网表文件中包含了精确的硬件延迟信息。

（2）功能仿真。

功能仿真是仅对 VHDL 描述的逻辑功能进行测试模拟，以了解其实现的功能是否满足原设计的要求，仿真过程不涉及具体器件的硬件特性，如延时特性。

### 5）编程下载

把适配后生成的下载或配置文件，通过编程器或编程电缆向 FPGA 或 CPLD 下载，以便进行硬件调试和验证。通常，将对 CPLD 的下载称为编程，对 FPGA 中的 SRAM 进行直接下载的方式称为配置。

### 6）硬件测试

最后是将含有载入了设计的 FPGA 或 CPLD 的硬件系统进行统一测试，以便最终验证设计项目在目标系统上的实际工作情况，以排除错误，改进设计。

## 5.1.3 MAX+plusII 设计流程与图形编辑

MAX+plusII 软件是 Altera 公司的 PLD 开发软件，提供 FPGA/CPLD 开发集成环境，在 MAX+plusII 上可以完成设计输入、元件适配、时序仿真和功能仿真、编程下载整个流程。

该开发工具支持的芯片有：EPF10K 系列、MAX 5000 系列、MAX 7000 系列、EPM9320、EPM9320A、EPF8452A、EPF8282A、FLEX 6000/A 系列等 Altera 公司生产的 CPLD/FPGA 可编程逻辑器件。

该开发工具具有的功能：原理图输入、文本输入、波形输入等多种输入方式，利用它所配备的编辑、编译、仿真、综合、芯片编程等功能，可以完成数字电路从设计、检查、仿真到下载的全过程。

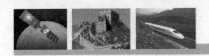

### 1. MAX+plusII 设计流程

MAX+plusII 设计流程主要由四个部分组成。

（1）设计输入：建立工作路径、建立项目文件、建立输入文件、逻辑输入。

（2）项目编译：选择编译内容、选择器件型号、引脚分配、项目编译。

（3）项目校验：功能仿真、时序仿真、时间分析。

（4）器件编程：下载/编程。

#### 1）设计输入

设计输入的功能是将对 CPLD/FPGA 进行逻辑设计的要求输入给 MAX+plusII。

MAX+plusII 提供的设计输入方式如下所述。

图形编辑器（Graphic Editor）：用于电路原理图设计输入。

文本编辑器（Text Editor）：用于硬件描述语言设计输入。

波形编辑器（Waveform Editor）：用于 I/O 时序波形设计输入。

符号编辑器（Symbol Editor）：用于编辑或创建符号文件。

（1）图形编辑器（Graphic Edit）。

用于创建电路原理图形式的设计文件（*.gdf）。如图 5-8 所示为 MAX+plusII 图形编辑器窗口。

图 5-8　MAX+plusII 的图形编辑器窗口

（2）文本编辑器（Text Edit）。

文本编辑器用于创建硬件描述语言形式（HDL）的设计输入。如图 5-9 所示用文本编辑器输入的 VHDL 语言程序编辑器窗口。

VHDL 语言程序的文件名“*.vhd”，AHDL 语言程序的文件名为“*.tdf”，Verilog 语言程序的文件名为“*.v”。

```
--LIBRARY ieee;
--USE ieee.std_logic_1164.all;

ENTITY addervhd IS
    PORT
    (
        a       : IN    INTEGER RANGE 0 TO 65535;
        b       : IN    INTEGER RANGE 0 TO 65535;
        s       : OUT   INTEGER RANGE 0 TO 131071
    );
END addervhd;

ARCHITECTURE a OF addervhd IS
BEGIN
    s <= a+b;
END a;
```

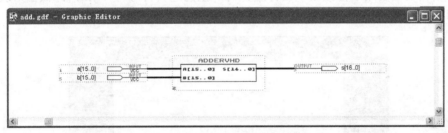

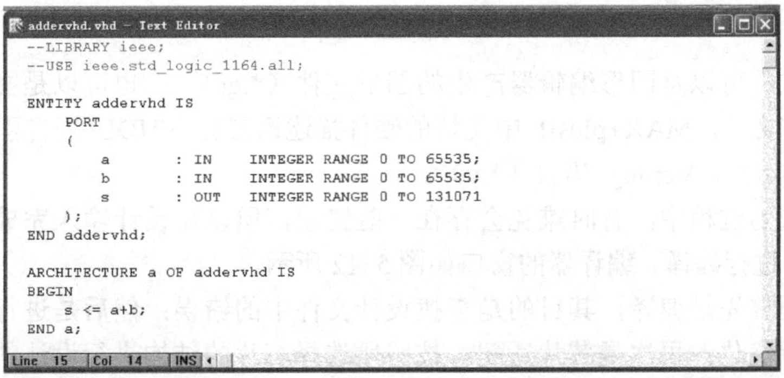

图 5-9　MAX+plusII 的文本编辑器窗口

（3）波形编辑器（Waveform Edit）。

波形编辑器用于创建项目仿真所需的波形文件（*.scf）并保存仿真结果。如图 5-10 所示为波形编辑器窗口。

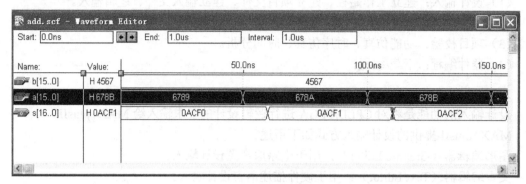

图 5-10　MAX+plusII 的波形编辑器窗口

波形编辑器生成的电路波形设计文件名为"*.wdf"，波形编辑器生成的电路波形仿真文件名为"*.scf"。

（4）符号编辑器（Symbol Edit）。

符号编辑器主要用于修改模块设计编译时产生的逻辑符号（*.sym），供图形编辑器使用。如图 5-11 所示为符号编辑器窗口。

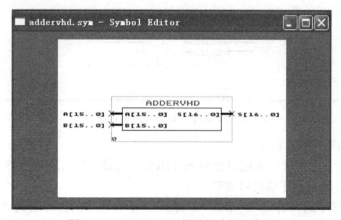

图 5-11　MAX+plusII 的符号编辑器窗口

2）项目编译

设计输入文件可以是图形编辑器产生的图形文件（*.gdf），也可以是文本编辑器产生的硬件描述语言文件，MAX+plusII 中支持的硬件描述语言有 VHDL 语言程序（*.vhd）、AHDL 语言（*.tdf）、Verilog 语言（*.v）。

在设计输入的过程中，有时难免会存在一些错误，所以在设计输入完成后，要对设计输入的图形文件进行编译。编译器的窗口如图 5-12 所示。

编译的过程首先是编译，其目的是查找设计文件中的错误；然后是进行逻辑综合，目的是对设计进行优化；再次是芯片适配，按照所选择芯片的结构进行设计的布线和布局；最后产生仿真所需的网表和编程所需的程序。这个完整的过程有时就被简称为编译。当设

计输入没有错误、设计输入中的所有内容可以被综合、所选用的芯片又能够满足设计的要求时,编译能够成功;否则编译失败,并出现相应的错误信息提示。

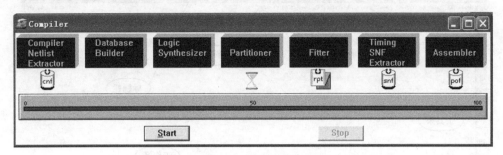

图 5-12 编译器窗口

3)项目校验

MAX+plusII 提供了两种进行设计验证的功能:设计功能的仿真和定时分析,用来测试设计的逻辑功能和内部时序,验证设计的正确性。

(1)仿真。

通常使用波形文件(参见图 5-10)进行仿真,在波形文件中调入设计输入文件中的输入、输出以及些重要的中间变量,再给每个输入加上特定的信号,运行仿真器,波形文件中的输出变量上就会出现仿真的结果波形。将仿真输出波形与设计期待的结果进行比较,就可以判断设计是否达到了预期的效果。

① 前仿真(Functional Simulation/功能仿真):设计输入后综合适配之前的仿真,这时只验证设计的逻辑关系,不包含任何芯片时延的信息。

② 后仿真(Timing Simulation/时序仿真):指综合适配之后的仿真,已经具体模拟了芯片的延时性能,与前仿真相比,更接近实际应用的情况。一般情况下,我们所指的仿真为后仿真。

(2)定时分析。

门电路存在着时延,定时分析器根据逻辑综合适配的结果算出可编程芯片引脚到引脚之间的最大时延,以及系统可用的最大时钟频率。

4)器件编程

可编程逻辑器件的内部设计可分为 2 种类型:最终器件内部的完整设计和内部设计中的某个模块的设计。通常当一个应用系统可编程逻辑器件内部的设计具有一定的复杂性和规模时,设计师首先要将一个较复杂、较大的设计划分为几个较简单、较小的设计,即模块的设计。当通过编译和仿真的设计是模块的设计时,要产生与设计相应的模块供系统设计或其他的模块设计调用;当通过编译和仿真的设计是可编程器件内部系统完整的设计时,则要进行可编程器件的编程将设计最终下载到可编程器件中去测试和使用。在编译的最后阶段,装配器会产生一个用于芯片编程的程序文件。MAX+plusII 的编程器配合 Alteta 公司的下载线缆,可对芯片进行编程。

**2. MAX+plusII 的图形编辑器**

图形编辑器是 MAX+plusII 软件进行设计输入的重要工具,图形编辑界面如图 5-13 所

示，图形编辑器由标题栏、菜单栏、工具栏、工具条、工作区、状态栏几个部分组成。

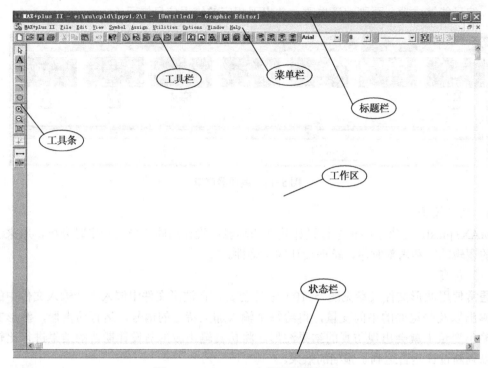

图 5-13　MAX+plusII 图形编辑界面

1）标题栏

标题栏中显示当前打开的文件的文件名和文件所在的路径信息，以及当前编辑器的类型。

2）菜单栏

菜单栏中的主菜单由 MAX+plusII、File、Edit、View、Symbol、Assign、Utilities、Options、Window、Help 等下拉菜单组成，当鼠标指向菜单时，状态栏中会出现相应的命令解释。

3）工具栏

菜单栏中的主要命令都可以在工具栏中找到，工具栏中的命令只要单击相应的图标就可执行，使用比菜单栏方便。在记不住工具栏图标时，可将鼠标置于图标上，这时状态栏中会有相应的命令提示。

4）工具条

工具条中的工具主要用于图形的选择、放大、缩小、移动及图形的连线控制，工具条中各按键的功能参见表 5-2。

表 5-2　图形编辑器的工具条按键的功能

| 按　键 | 功　能 | 按　键 | 功　能 |
|---|---|---|---|
| | 选择工具，用于选择、移动、复制对象 | | 文字工具，用于输入或修改文字 |
| | 连线工具，在拖动鼠标时画直线 | | 连线工具，在拖动鼠标时画斜线 |

项目 5　可编程逻辑电路设计

续表

| 按键 | 功能 | 按键 | 功能 |
| --- | --- | --- | --- |
|  | 连线工具，在拖动鼠标时画弧线 |  | 连线工具，在拖动鼠标时画圆 |
|  | 图形放大 |  | 图形缩小 |
|  | 在当前窗口显示全图 |  | 增加或删除节点 |
|  | 打开橡皮筋功能，拖动符号时连线跟随移动 |  | 关闭橡皮筋功能，拖动符号时连线不跟随移动 |

5）图形编辑器工作区

在图形编辑器的工作区进行图形方式的设计输入，其中常用的操作有以下几种。

（1）输入符号（Symbol）。

MAX+plusII 中的所谓符号类似于一般数字电路中的器件，设计图形文件（*.gdf）就是根据设计要求调用相应的符号并用连线将这些符号连接起来。MAX+plusII 系统中自带了非常丰富的符号库，称之为系统库。系统库中包括基本库（prim）、宏功能库（mf）、参数化宏功能库（mega_lpm）、edif 库（与 Mf 库相似）。

① prim：基本逻辑（Primitives）元件库，包括数字电路的基本函数，如逻辑门、触发器、I/O 引脚等。

② mf：旧式宏功能函数（Macrofunctions）元件库，主要包含一些传统的中规模逻辑电路，如 74 系列逻辑元件、7400、74LS160、74LS138 等。

③ mega_lpm：参数式函数（Megafunctions），主要包含一些大规模逻辑模块，这些模块的参数（如数据线的宽度）是可由用户根据设计需要进行调整，如可调模值的计数器、RAM、FIFO 等。

④ edif：和 mf 类似。

除了系统库以外，用户还可以根据需要在项目中建立用户库，此外用户还可以通过选择盘符与路径选择其他项目中的用户库。

在图形编辑窗口空白处双击鼠标左键，或者单击鼠标右键选择 Enter Symbol 命令，就会出现如图 5-14 所示的对话框，如果已经知道符号的名称，可以在符号名（Symbol Name）输入框内直接输入符号的名称，然后单击"回车"键，所需的符号就被输入到图形文件中了；也可以在符号库（Symbol Libraries）选择框中双击鼠标左键先选择符号所在的库，该库中的所有符号就会出现在符号文件（Symbol Files）选择框中，双击鼠标左键选择所需的符号，该符号就被输入到图形文件中了；如果所需的符号既不在系统库中也不在当前项目下，而在其他项目的目录下，则可通过目录选择框选择它所在的目录，这时该符号就会出现在符号文件（Symbol Files）选择框中，双击鼠标左键选择该符号即可。

（2）连线及线的命名。

在图形编辑器窗口中输入了符号后，需要把各个元件符号用连线连接起来。MAX+plusII 中画连接线非常方便，只要将光标置于符号的引脚或连线的节点、拐角上，待光标变为+字后，按住鼠标左键拖动即可。当光标指向的符号引脚为总线形式或光标指向总线节点时，画出的连线为总线形式。如果需要删除连接线单击这根连接线并单击 Del 键即可。

用鼠标单击连线或总线，连线或总线会变成红色，这时可以用键盘输入节点名或总线名。节点名由数字与字母组成，总线名的命名与节点相似，但必须的总线名之后加上[m..n]表示总线的线宽范围，如 d[3..0]表示总线由 d3、d2、d1、d0 四根线组成，如图 5-15 所示。

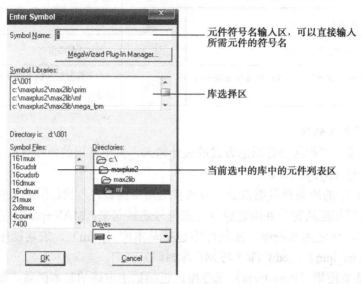

图 5-14　输入符号对话框

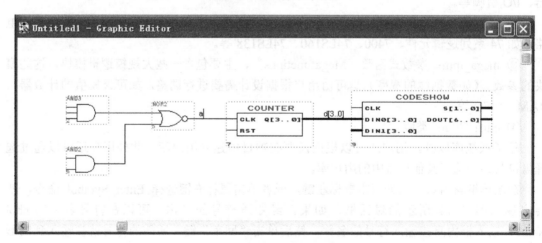

图 5-15　图形编辑窗中的连线

## 任务 5-1　模 12 计数器图形文件设计与仿真

### 1. 任务要求

熟练掌握软件的使用及原理图输入设计的全过程，设计一个模 12 的计数器模块，采用的元件为 74LS161，利用同步置数端来实现。完成原理图的设计与仿真，对仿真结果进行设计验证，并下载到实验箱调试。

## 2. 测试设备与器件

装有 MAX+plusII 的计算机 1 台

实验箱一台

## 3. 设计思路

利用 74LS161 的同步置数端 $\overline{L_D}$，当计数输出为 1011 时，将输出端为"1"的端口经与非门送 $\overline{L_D}$，同时置数端设为 0000。当下一个 CP 脉冲到来时，计数器归 0，从而实现 12 进制的计数。

## 4. 实施步骤

1) 启动 MAX+plusII

当计算机上正确安装、设置了 MAX+plusII 之后，计算机的桌面上会有一个这样的图标 MAX+plusII 10.2 Baseline（或者从"开始"→"程序"→" MAX+plusII10.2 Baseline"→中选取图标 ），双击这个图标，就进入了如图 5-16 所示的 MAX+plusII 界面。

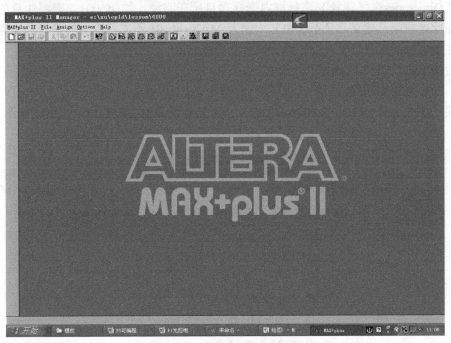

图 5-16 MAX+plusII 界面

2) 设计输入

当进行比较大的设计时，设计中可能有多个子模块，各个子模块的格式可能不同，因此在一个设计中可能有多个文件，要将一项设计中所有的设计文件放在一个项目下统一管理。

（1）建立项目。

在菜单栏中选择"File"→"Project"→"Name"选项，出现如图 5-17 所示的项目名对话框。

图 5-17　项目名对话框

在"Project Name"（项目名）编辑框内输入设计项目的名称，如 cnt12。

在"Drives"（驱动器）选择框内选择项目所在的驱动器盘符，如 d：。

在"Directories"（路径）选择框内选择项目所在路径，如 d:\001。需要注意的是，该路径应在此之前就已建立，且不含中文，因为 MAX+plusII 不支持中文的路径和文件名。另外，文件不可放在根目录下，否则编译时可能会出错。

最后按单击"OK"（确定）按键。

（2）图形文件的建立。

在菜单栏中选择"File"→"New"选项（或者按工具栏中的图标），出现如图 5-18 的对话框。

图 5-18　新文件对话框

在"File Type"（文件类型）区域内选择"Graphic Editor file"（图形编辑文件）单选项；单击"OK"（确定）按键，出现名为"Untitled Graphic Editor"的图形文件编辑窗口；在图形文件编辑窗口中将文件另存为所需的文件名，可在菜单栏选择"File"→"Save as"选项（或者单击工具栏中的图标 ），命名为 cnt12.gdf。

（3）图形文件的设计输入。

在图形文件建立之后，要对建立的图形文件进行设计输入。在打开的图形文件的工件区，双击鼠标，会出现如图 5-14 所示的输入符号对话框，选择相应的库，选取所需的符号，然后单击"OK"按键，所需的符号就出现在图形编辑窗中。因此在符号库的选择框

"Symbol Libraries"区域中选择 mf 库,在符号文件"Symbol Files"列表框内选择 74LS161,再单击"OK"键,74LS161 就出现在图形文件内;在符号库的选择框"Symbol Libraries"区域中选择 prime 库,在符号文件"Symbol Files"列表框内选择 NAND3,再单击"OK"按键,三输入端与非门就出现在图形文件内;再次进入输入符号窗口,这次直接在符号名"Symbol Nane"输入框内输入"INPUT",然后单击"OK"按键,输入端口就出现在图形编辑窗内,输入端口的默认名为"PIN_NAME",双击输入端口名,输入端口名就会变黑,这时可以输入所需的端口名,如 clk。按照上述方法,依次在图形编辑器窗口加入 74LS161,三输入端与非门(NAND3),非门(NOT),3 个输入端(INPUT)clk、en、clr,加入 5 个输出端(OUTPUT)q3、q2、q1、q0 和 count,加入接地符号(GND)。

将这些符号连接起来,这时就完成了模 12 计数器的原理图设计,连接完成的电路图如图 5-19 所示。

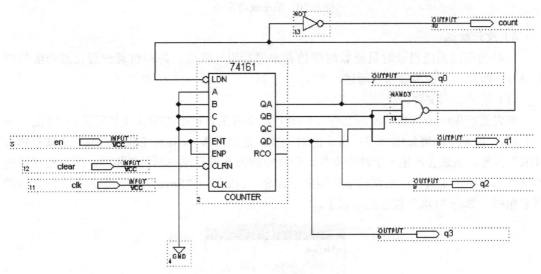

图 5-19 模 12 计数器原理图

3)编译

在图形文件输入完成之后,要对输入的图形文件进行编译,通过编译找出设计输入过程中和错误、对设计进行优化、将设计输入在某个指定的器件中实现、输出仿真和编程等过程所需的各种文件。编译的步骤如下所述。

(1)将设计输入的图形文件指定为当前的项目:编译器件总是对当前的项目进行编译,所以在编译之前首先要将刚才输入的图形文件指定为当前项目。方法是在设计输入文件的窗口中单击工具栏中的图标,或从菜单中选择"File"→"Project"→"Set Project to Current File",系统就会将当前的文件设置为项目。

(2)编译:单击工具栏中的图标,系统就会保存所有打开的设计文件并对当前的项目(即当前的图形输入文件)进行编译;或从菜单中选择"MAX+plusII"→"Compiler",打开编译器的窗口,然后单击编译器中的"Start"按键,编译器就会对当前的项目进行编译。在编译的过程中,在任何环节发现错误,编译就会停止,由信息处理器给出错误信息。直到修改至没有错误,编译通过。编译成功窗口如图 5-20 所示。

数字电子技术实践

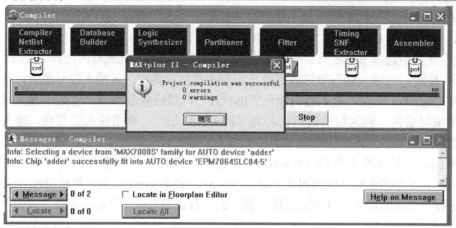

图 5-20 编译成功窗口

4）设计验证

一般的应用系统设计时只要做时序仿真来进行设计验证。时序仿真一般在波形编辑器内进行，时序仿真的步骤如下所述。

（1）建立波形文件。

首先要产生一个仿真的波形文件（*.scf），单击工具栏中的图标或使用菜单"File"→"New"，屏幕上出现如图 5-21 所示的对话框，选择"Waveform Edidor file"选项后单击"OK"按键，系统会产生一个波形文件，仿真中波形文件必须与项目名相同，所以接着要更改文件名，单击工具栏中的图标或使用菜单命令"File"→"Save as"，输入的文件名与项目名相同，单击"OK"按键就可以了。

图 5-21 新建波形文件对话框

（2）加入仿真节点。

要观察设计的输出波形，首先要在波形文件中加入需要控制、观察的节点。在波形文件编辑窗口内单击鼠标的右键，选择"Enter Nodes from SNF"命令，屏幕上会出现如图 5-22 所示的对话框，在"Type"多选框中选择需要加入的节点类型，常用的选项有输入节点、输出节点、成组节点、寄存器节点、组合节点等。在本例中选择输入节点与输出节点，然后单击"List"按键，这时所有的输入、输出节点都出现在"Available Nodes & Groups"列表框中，左手按住"Ctrl"键，右手同时用鼠标单击要选择的节点，选择完毕后单击 => 按键，选中的节点就被加入到右边的"Selected Nodes & Groups"区域框中，单击"OK"按键，所选的节点就出现在波形文件中了。在本例中选择所有的输入、输出节点。这时波形文件中加入的节点有 en、clear、clk、q3、q2、q1、q0 和 count 共 8 个节点。

项目 5　可编程逻辑电路设计

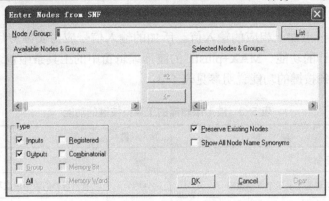

图 5-22　从 SNF 输入节点对话框

建立的波形图如图 5-23 所示，一共有 3 个输入端信号和 5 个输出端信号。

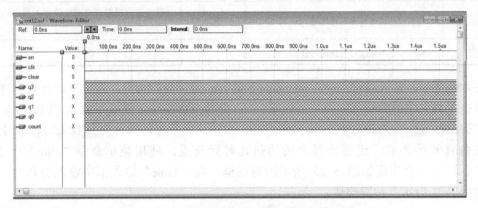

图 5-23　波形编辑窗口中建立的仿真波形图

（3）节点成组。

波形图中有 q3、q2、q1、q0 四个计数输出节点，查看不方便。MAX+plusII 提供了一个便利的方法，可将它们合并成组，方法是用鼠标左键选中 q3，拖动鼠标直到 q0，这时 q0～q3 呈黑色，表示已经被选中，然后在选中处单击鼠标右键选择"Enter Group"命令，这时屏幕上出现如图 5-24 所示的对话框，其中的"Group Name"：输入框中已出现 q[3..0]，Radix 选择框中已选中 HEX，单击"OK"按键，波形文件中的 q0～q3 输入节点就被结成一个名为 q[3..0]的组，且该组的变量值以十六进制的形式表示。

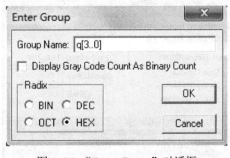

图 5-24　"Enter Group"对话框

# 数字电子技术实践

(4) 仿真。

首先要给输入节点加上相应的输入值。所加的输入信号应与实际应用时相仿,有利于从各个方面验证设计的功能。MAX+plusII 的波形编辑窗中的工具条中包含了一些常用的设置信号命令,工具条按键的功能说明参见表 5-3。

表 5-3 波形编辑器的工具条按键的功能

| 按 键 | 功 能 | 按 键 | 功 能 |
| --- | --- | --- | --- |
| 🔍 | 波形展宽 | 🔍 | 波形变窄 |
| 📺 | 在当前屏幕上显示全部的波形 | 0 | 将所选择的波形值改写为低电平 |
| 1 | 将所选择的波形值改写为高电平 | X | 将所选择的波形值改写为不确定 |
| Z | 将所选择的波形值改写为高阻 | INV | 将所选择的波形值取反 |
| XC | 将节点的值改写为时钟信号 | XC | 将单节点或组节点的值改写为指定的系列值 |
| XG | 将组节点的值改写为指定的值 |  |  |

在本任务中,输入端有三个:en、clr、clk。en 为计数控制端,高电平时计数允许,因此,单击工具条中的图标 1 设为高电平;clr 为异步清零端,低电平清零,因此,单击工具条中的图标 1 设为高电平;clk 为时钟端,单击工具条中的图标 XC 设为时钟信号。

在仿真开始之前,还要选择合适的仿真时间长度。使用菜单命令"File"→"End Time",屏幕上会出现如图 5-25 所示的对话框,在"Time"输入框中输入仿真的时间长度,然后单击"OK"按键确认。

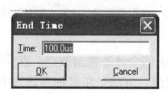

图 5-25 仿真时间长度选择的对话框

设置完成后可以单击工具栏内的开始仿真图标 🖫,仿真窗口如图 5-26 所示,单击"START"按键,开始仿真。

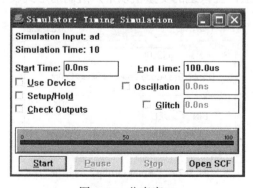

图 5-26 仿真窗口

（5）仿真结果验证。

仿真的结果是否正确，要经过一系列的验证，在仿真窗口中将参考指针拖动到波形的起始处，单击图标 🔍，将波形放大到可以看清楚输入输出值为止，在脉冲 clk 的作用下，计数加 1，当计数计到 11 时，归零，实现了十二进制的计数功能，其波形图如图 5-27 所示。

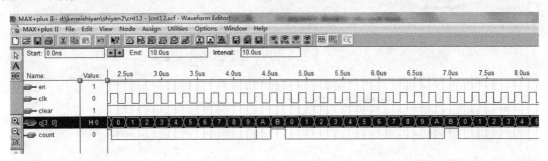

图 5-27　仿真波形图

5）芯片编程及相关工作

芯片编程及相关的工作应包含以下几个步骤。

（1）选择芯片型号。

可编程器件的型号中包含了器件的基本信息，如 EPF10K10LC84-4 为 Altera 公司的 FPGA 芯片，EPF10K 表示该可编程器件是 FLEX10K 系列；L 表明封装为 PLCC；C 表明为商用芯片，其工作温度范围为 0~70 ℃；84 表示该器件有 84 个引脚。

在设计项目下单击命令菜单"Assign"→"Devic"，出现如图 5-28 所示的芯片选择窗口，在"Device Family"下拉菜单中选择所用的可编程器件所属的系列，如芯片 EPF10K10LC84-4 属于 FLEX10K 系列，即选用"FLEX10K"；在"Devices"选择框中列出了所选择的系列中包含的芯片，选中"EPF10K10LC84-4"型号后单击"OK"按键，选择芯片的工作就完成了。

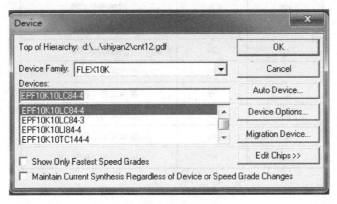

图 5-28　芯片选择窗口

（2）锁定引脚。

从菜单中选择"MAX+plusII"→"Floorplan Editor"，不同型号的可编程器件有不同的引脚封装，封装信息要查阅相应可编程器件的数据手册获取。EPF10K10LC84-4 的引脚排列如图 5-29 所示。

## 数字电子技术实践

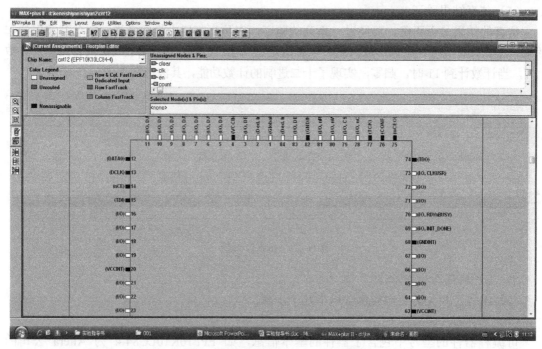

图 5-29  EPF10K10LC84-4 引脚图

引脚列表中单击某个需要进行引脚锁定的引脚（即输入端口符号 INPUT、输出端口符号 OUTPUT），如 clk，然后单击鼠标左键把它拖动到引脚处，引脚锁定就完成了。本任务中锁定的引脚参见表 5-4，仅供参考。用户在设计时，可以根据需要来锁定相应的引脚。

表 5-4  各端口信号的引脚锁定

| 信 号 名 | 引 脚 号 | 对应器件名称 |
| --- | --- | --- |
| clk | 1 | 时钟信号 CP2 |
| clr | 28 | 数据开关 K1 |
| en | 29 | 数据开关 K2 |
| q0 | 54 | 输出发光二极管 L4 |
| q1 | 58 | 输出发光二极管 L5 |
| q2 | 59 | 输出发光二极管 L6 |
| q3 | 60 | 输出发光二极管 L7 |
| count | 61 | 输出发光二极管 L8 |

（3）编译。

在完成芯片指定与引脚锁定后，需对项目重新进行编译，产生可供下载的下载流文件（*.sof）。这样最终的目标文件才能与目标硬件相吻合，完成所需的功能。

（4）编程下载。

在软件设计仿真调试完毕、引脚锁定完成后可以将目标程序下载到可编程器件内，使可编程器件完成所需的功能。在 MAX+plusII 菜单下选择 Programmer，检查对话框中的下

载文件和具体的芯片型号是否正确，然后单击"Configure"按键，就可完成下载。编程下载窗口如图 5-30 所示。

图 5-30　编程下载窗口

（5）调试。

程序下载到可编程器件内后，设置实验箱上的相关输入。例如，开关 K1 对应于 clr，设为高电平；开关 K2 对应于 en，设为高电平；观察输出为十二进制计数器功能。

**思考题 5-1**

（1）MAX+plusII 设计流程？
（2）请你试一试如何用原理图设计一个模为 60 的计数器？

## 5.2　硬件描述语言 VHDL 设计

采用传统方法设计数字系统，当电路系统非常庞大时，设计者必须具备较好的设计鹰眼，而且复杂的原理图的阅读和修改也给设计者带来诸多不便，为了提高开发效率，缩短开发周期，各 ASIC 芯片制造厂商都开发了自己特色的电路硬件描述语言（Hardware Description Language，HDL），但这些语言差异很大，只能在自己特定设计环境中使用，给设计交互带来很大的困难，因此美国于 1981 年提出了一种新的、标准的 HDL，称为 VHSIC（Very High Speed Integrated Circuit） Hardware Description Language，简称为 VHDL。这是一种形式化方法来描述数字电路和设计数字逻辑系统的语言，设计者可以利用这种语言来描述自己的设计思想，然后利用软件进行综合仿真，最后用 PLD 实现功能。

### 5.2.1　VHDL 语言的基本结构

所谓硬件描述语言，就是可以描述硬件电路的功能、信号连接关系以及定时关系的语言，它比电路原理图更能有效表示硬件电路的特性。

VHDL 语言是目前最通用的硬件描述语言之一，一个完整的 VHDL 语言的设计程序由库（Library）、程序包（Package）、实体（Entity）、结构体（Architecture）、配置（Configuration）几个部分组成。库中存放了编译过的包集合；程序包中包含了常用的信号、数据类型、函数、过程的定义；实体部分定义设计的输入输出接口；结构体对设计的实体行为或结构进行描述；配置为实体选定某个特定的结构体。其中实体与结构体是 VHDL 语言程序中必不可少的。

### 1. 库（Library）及程序包（Package）

程序包中包含了一些可供引用的数据类型、子程序说明、元件说明和属性说明，库中存放着已经过编译的包集合定义、实体定义、构造体定义和配置定义。这些数据作为资源被其他设计引用，可大大减少 VHDL 语言的编程工作量。

库说明语句的作用是指定存放包集合的库，包说明语句的作用是指定所使用的包集合，与 C 语言程序中使用库函数前要在程序的开头使用#include 语句指定所使用的库一样，库说明语句与包集合说明语句总是放在 VHDL 语言程序的开头。

（1）库说明语句的格式如下，其中黑体字部分是 VHDL 语言的保留字，例如：

**LIBRARY** 库名;

（2）包集合说明语句的格式为

**USE** 库名.包集合名.**all**;

（3）VHDL 语言中的库主要有以下几种。

① IEEE 库：是 IEEE 的标准库，包含了一些常用的包集合，如 STD_LOGIC_1164、STD_LOGIC_SIGNED、STD_LOGIC_UNSIGNED、STD_LOGIC_ARITH 等；引用 IEEE 库中的包集合数据，在程序的开头部分必需编写与该包集合相关的库说明与包集合说明语句。

② STD 库：是 VHDL 语言的标准库，包含了 VHDL 语言中的标准包集合"STANDARD"，引用该包集合中的数据时，程序的开头部分无须编写与该包集合相关的库说明与包集合说明语句。

③ ASIC 库：是各个可编程器件制造厂商提供的面向 ASIC 的逻辑门库，引用其中的包集合时必须有相应的库和包集合说明语句。

④ WORK 库：是设计师用 VHDL 语言编写的模块，引用时无须说明语句。

⑤ 用户库：是用户自己开发的库和包集合，引用时需要先说明。

例如：

**LIBRARY** IEEE;
**USE** IEEE.STD_LOGIC_1164.**ALL**;
**USE** IEEE.STD_LOGIC_UNSIGNED.**ALL**;

以上的三条语句表示打开 IEEE 库，再打开此库中的 STD_LOGIC_1164 程序包和 STD_LOGIC_UNSIGNED 程序包的所有内容。

### 2. 实体（Entity）

实体类似于集成电路中的引脚图，它不描述电路的具体功能或结构，只是定义了全部的输入输出引脚。实体的语法结构形式如下：

**ENTITY** 实体名 **IS**                                    --实体开始
[**GENERIC**(常数名：数据类型[：设定值] )]      --类属参数说明，可选

```
PORT                                                    --端口说明
(
端口名[,端口名,端口名...] : 端口形式 端口的数据类型;
… …
端口名[,端口名,端口名...] : 端口形式 端口的数据类型
);
END 实体名;                                              --实体结束
```

在编写实体程序时要请注意以下几点。

（1）实体中的黑体字部分为 VHDL 语言的保留字，必须拼写正确，但大、小写均可。

（2）--为注释符号，其后的语句在程序编译时不处理。

（3）VHDL 语言程序保存时的文件名必须与实体名相同，后缀名必须是.VHD。

（4）VHDL 语言程序必须保存在不含中文路径的子目录下，不能保存在根目录下。

（5）GENERIC 为类属表，在[ ]中表示为可选项。可在实体的外部定义不同的值从而改变实体的端口宽度、时延、实体内部电路的数目等参数。

**实例 5-1**    2 输入与门的实体描述。

```
ENTITY AND2 IS
GENERIC(RISEW: TIME:=1 ns;
        FALLW: TIME:=1 ns);
PORT( A1: IN STD_LOGIC;
      A0: IN STD_LOGIC;
      Z0: OUT STD_LOGIC);
END ENTITY AND2;
```

这是一个作为 2 输入与门的设计实体的实体描述，在类属说明中定义参数 RISEW 为上沿宽度，FALLW 为下沿宽度，它们分别为 1 ns，这两个参数用于仿真模块的设计。

（6）端口形式有以下几种类型。

**IN**：信号由实体的外部进入实体，不可在实体内对端口进行赋值。

**OUT**：信号由实体内部输出到实体之外，应在实体内对端口进行赋值，且端口信号不得在内部引用。

**INOUT**：信号有时从实体内部输出到实体之外，有时从实体外部输入到实体内，即信号是双向的。

**BUFFER**：信号由实体内部输出到实体之外，应在实体内对端口进行赋值，但端口信号可在内部引用。

（7）端口的数据类型常用的有以下几种类型。

**INTEGER**：整数，是 VHDL 语言中标准定义的数据类型。

**STD_LOGIC**：工业标准的逻辑位变量，是 IEEE 库中定义的数据类型。

**STD_LOGIC_VECTOR**：工业标准的逻辑变量组，是 IEEE 库中定义的数据类型。

**BIT**：位，是 VHDL 语言中标准定义的数据类型。

**BIT_VECTOR**：位矢量，是 VHDL 语言中标准定义的数据类型。

## 3. 结构体（Architecture）

结构体又称为构造体，结构体用于描述实体内部的电路结构或描述实体输入输出端口之间的行为关系，是 VHDL 语言程序中的核心部分。结构体的语法结构形式如下：

```
ARCHITECTURE  结构体名 OF 实体名 IS       --结构体开始
[定义语句;]                                --内部信号、常数、数据类型、函数的定义
BEGIN
并行处理语句;                              --对实体的功能进行描述
……;
END 结构体名;                              --结构体结束
```

### 5.2.2 VHDL 语言的顺序语句

在 VHDL 语言中，如果按照描述语句的执行顺序分类，可以将语句分为并行执行语句和顺序执行语句。顺序语句是指完全按照程序中书写的顺序执行各语句，并且在结构层次中前面的语句执行结果会直接影响后面各语句的执行结果。顺序描述语句只能出现在进程或子程序中，用来定义进程或子程序的算法。顺序语句可以用来进行算术运算、逻辑运算、信号和变量的赋值、子程序调用等，还可以进行条件控制和迭代。

VHDL 顺序语句主要包括：信号赋值语句、IF 语句、CASE 语句等。

#### 1. 信号赋值语句

在 VHDL 语言中，用符号"<="为信号赋值。

信号赋值语句用于对信号进行赋值，信号赋值语句的书写格式如下：

目标信号<=敏感变量表达式;

例如：S <= A+B;

在使用信号赋值语句时要注意以下几点。

（1）信号赋值的符号"<="与关系表达式中的小于等于号的符号相同。

（2）信号赋值语句用在顺序区域时（如在进程语句中）为顺序执行语句，并行区域时为并行执行语句，这时只要赋值号右边表达式中的变量发生变化就被执行。

#### 2. IF 语句

IF 语句用于顺序区域内程序的选择与控制，IF 语句包括 3 种结构：简单 IF 语句、双路选择 IF 语句、多路选择 IF 语句。

1) 简单 IF 语句

简单 IF 语句的格式为

```
If  条件表达式 then
    顺序语句序列
End if;
```

使用简单 IF 语句时要注意以下几点。

（1）简单 IF 语句在条件表达式成立时，执行语句中的顺序语句序列，在条件表达式不成立时，不执行任何操作。

(2) 简单 IF 语句属于顺序执行语句,只能在顺序区域。

(3) 简单 IF 表达式常用于描述钟控锁存器和触发器。例如,在触发器程序中使用的 IF 语句 "If(clk'event AND clk= '1')then" 表示在时钟发生变化,且变化后的值为 "1" 时,即在时钟的上升沿,是 VHDL 语言程序中实现时序电路的主要方式。

2) 双路选择 IF 语句

双路选择 IF 语句的格式为

```
If  条件表达式 then
    顺序语句序列 1
else
    顺序语句序列 2
End if;
```

使用双路选择 IF 语句时要注意以下几点。

(1) 双路选择 IF 语句在条件表达式成立时,执行语句中的"顺序语句序列 1",在条件表达式不成立时,执行语句中的"顺序语句序列 2"。

(2) 双路选择 IF 语句属于顺序执行语句,只能在顺序区域。

3) 多路选择 IF 语句

多路选择 IF 语句的格式为

```
If  条件表达式 1  then
    顺序语句序列 1
elsif  条件表达式 2 then
    顺序语句序列 2
       ⋮
elsif 条件表达式 n then
    顺序语句序列 n
Else
    顺序语句序列 n+1
End if;
```

在使用多路选择 IF 语句时要注意以下几点。

(1) 多路选择 IF 语句在条件表达式 1 成立时,执行语句中的顺序语句序列 1;如果条件表达式 1 不成立,判断条件表达式 2 是否成立,条件表达式 2 成立时,执行语句中的顺序语句序列 2;以此类推,如果所有的条件表达式均不成立,执行顺序语句序列 $n+1$。

(2) 多路选择 IF 语句属于顺序执行语句,只能在顺序区域。

**实例 5-2**　用 IF 语句设计一个二选一数字选择器。

```
LIBRARY ieee;
USE ieee.std_logic_1164.all;
entity mux21c is
port ( d0: in bit;
       d1: in bit;
```

```
            s: in bit;
            y: out bit;
    end mux21c;
    architecture dataflow of mux21c is
        begin
    process(d0, d1,s)
        begin
            if s='0' then y<= d0;
                else y<= d1;
            end if;
    end process;
    end dataflow;
```

### 3. CASE 语句

除了 IF 语句外，另一种常用的控制语句是 CASE 语句，CASE 语句常用的格式为

```
    Case 控制表达式 IS
        When 测试表达式1 =>顺序语句1;
        When 测试表达式2 =>顺序语句2;
        …
        When 测试表达式n =>顺序语句n;
        [When others =>顺序语句n+1];
        End case;
```

使用 CASE 语句时要注意以下几点。

（1）控制表达式通常为一个信号或输入端口，而测试表达式则为该信号或输入端口的取值。

（2）各个测试表达式的取值必须互异。

（3）后面的"When others =>顺序语句 n+1"可省略，在省略时必须保证测试表达式1～测试表达式 $n$ 的值覆盖了控制表达式所有可能的取值。

（4）CASE 语句属于顺序执行语句，只能在顺序区域。

**实例5-3** 用 CASE 语句设计二选一数字选择器。

```
    LIBRARY ieee;
    USE ieee.std_logic_1164.all;
    entity mux21d is
    port ( d0: in bit;
           d1: in bit;
            s: in bit;
            y: out bit;
        end mux21d;
    architecture dataflow of mux21d is
        begin
    process(d0, d1,s)
        begin
```

```
      case s is
        when '0' =>y <= d0 ;
        when others =>y <= d1 ;
      end case;
   end process;
end dataflow;
```

### 5.2.3 VHDL 语言的并行语句

在 VHDL 中，并行语句在结构体中的执行是同时并发执行的，其书写次序与其执行顺序并无关联，并行语句的执行顺序是由他们的触发事件来决定的。

在结构体语句中，并行语句的格式为

```
ARCHITECTURE 结构体名 OF 实体名 IS
    说明语句
  BEGIN
    并行语句
END 结构体名;
```

并行语句主要有条件信号赋值语句、选择信号赋值语句、进程语句、块语句等。

**1. 条件信号赋值语句**

条件信号赋值语句的格式为

```
目标信号<=表达式 1    when 条件表达式 1    else
        表达式 2    when 条件表达式 2    else
        表达式 3    when 条件表达式 3    else
        ⋮
        表达式 n    [when 条件表达式 n];
```

在使用条件信号赋值语句时要注意以下几点。

（1）条件信号赋值具有隐含的优先级，先列出的表达式的优先级高于后列出的表达式，条件表达式可同时成立。

（2）格式中最后一个表达式中的"when 条件表达式 n"放在[ ]之中，表示这个部分可以省略，这时，当该语句之前的所有条件均不能满足时，将表达式 n 的值赋给目标信号。

（3）当格式中最后一个表达式的"when 条件表达式 n"不能被省略时，出现的条件表达式应覆盖全部的取值，否则在条件表达式 1 到 n 均不成立时，条件信号赋值语句不被执行，可能引起目标信号的值不确定。

（4）条件信号赋值语句属于并行执行语句，只能在并行区域。

**实例 5-4**　用条件赋值语句设计一个二选一数字选择器。

```
LIBRARY ieee;
USE ieee.std_logic_1164.all;
entity mux21a is
port ( d0: in bit;
```

```
            d1: in bit;
            s: in bit;
            y: out bit;
    end mux21a;
    architecture dataflow of mux21a is
      begin
        y<= d0 when s='0' else
            d1 when s='1' ;
    end dataflow;
```

### 2. 选择信号赋值语句

选择信号赋值语句的格式为

```
    With 选择条件表达式 select
    目标信号<=表达式1   when   选择条件1
            表达式2   when   选择条件2
            表达式3   when   选择条件3
            ⋮
            表达式n   when   选择条件n;
```

在使用选择信号赋值语句时要注意以下几点。

（1）选择条件 1～选择条件 $n$ 必须覆盖选择条件表达式的所有取值，否则"选择条件 $n$"应由"others"取代，表示当该语句之前的所有条件均不能满足时，将表达式 $n$ 的值赋给目标信号；在选择条件 1～选择条件 $n$ 未覆盖选择条件表达式的所有取值、最后的条件也未用"others"取代时，不能通过编译。

（2）选择条件具有相同的优先级，选择条件的判断同时进行，故选择条件不能相同。

（3）选择信号赋值语句属于并行执行语句，只能在并行区域。

**实例 5-5** 用选择信号赋值语句设计一个二选一数字选择器。

```
    LIBRARY ieee;
    USE ieee.std_logic_1164.all;
    entity mux21b is
    port ( d0: in bit;
           d1: in bit;
           s: in bit;
           y: out bit;
      end mux21b;
        architecture dataflow of mux21b is
          begin
          With select
          y <= d0 WHEN '0',
                d1 WHEN others;
    end dataflow;
```

### 3. 进程语句

进程是结构体描述中最常用并行语句,在 1 个构造体内可存在多个进程,每个进程都是并发执行的。进程语句的语法格式为

```
[进程名:]process(敏感变量列表)
    [声明语句]
begin
    [顺序语句]
End process [进程名];
```

进程名一般是为了有助于理解进程的功能,放在方括号内表示可以省略。敏感变量列表中列出对进程的执行有影响的所有变量,如进程中有敏感变量列表,只有当敏感变量列表中的任意一个敏感变量的状态发生变化时,进程才会被启动执行,否则进程处于等待状态;如果进程中不包含敏感变量列表,进程则一直在启动执行状态,周而复始地运行着。声明语句用于声明进程内部使用的变量或信号。需注意的是,进程语句中只能描述顺序语句。

### 4. 块语句

在系统设计时,可将较大、较复杂的系统划分为较小、较简单的模块实现,同样如果一个构造体过于复杂时,也可将结构体划分成几个模块(BLOCK)语句实现,由于使用 BLOCK 语句时不能很好地体现模块之间的接口关系,更主要的是 BLOCK 语句在进行逻辑综合时困难,所以在实际进行可编程逻辑器件的系统设计时通常不用 BLOCK 语句,而是将系统模块划分得足够小,使 VHDK 语言实现的模块足够简单,然后用图形方式实现模块之间的连接。

## 任务 5-2　4 路选择器的 VHDL 设计

### 1. 任务要求

设计一个 4 路选择器模块,采用 VHDL 语言设计实现。完成文本输入设计与仿真,对仿真结果进行设计验证。

### 2. 测试设备与器件

装有 MAX+plusII 的计算机 1 台
实验箱一台

### 3. 设计思路

如图 5-31 所示,四路选择器模块有 A,B,C,D 四路输入,由两位的地址码 $S_1$ 和 $S_2$ 选择四路中的某一路信号可以输出到输出端口 Z。

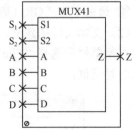

图 5-31　四路选择器电路框图

### 4. 实施步骤

1)启动

启动 MAX+plusII,就进入了如图 5-32 所示的 MAX+plusII 开始界面。

数字电子技术实践

图 5-32　MAX+plusII 开始界面

2）设计输入

当进行比较大的设计时，设计中可能有多个子模块，各个子模块的格式可能不同，因此在一个设计中可能有多个文件，要将一项设计中所有的设计文件放在一个项目下统一管理。

（1）建立项目。

在菜单栏中选择"File"→"Project"→"Name"选项，出现如图 5-33 所示的项目名对话框。

新建项目的过程中有需要注意以下几点。

① 在"Project Name（项目名）"编辑框内输入设计项目的名称，如 mux41。

② 在"Drives（驱动器）"选择框内选择项目所在的驱动器盘符，如 d:。

③ 在"Directories（路径）"选择框内选择项目所在路径，如 d:\001。需要注意的是，该路径应在此之前就已建立，且不含中文，因为 MAX+plusII 不支持中文的路径和文件名。另外，文件不可以放在根目录下，否则编译时可能会出错。

④ 最后单击"OK（确定）"按键。

（2）文本文件的建立。

在菜单栏中选择"File"→"New"选项（或者单击工具栏中的图标），出现如图 5-34 所示的对话框。

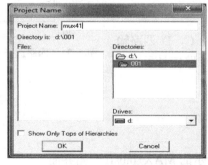

图 5-33　项目名对话框

图 5-34　新建文本文件对话框

项目5 可编程逻辑电路设计

① 在"File Type(文件类型)"区域内选择"Text Editor file(文本编辑文件)"单选项。

② 单击"OK(确定)"按键,出现名为"Untitled text Editor"的文本文件编辑窗口。

③ 在文本文件编辑窗口中将文件另存为所需的文件名,可在菜单栏中选择"File"→"Save as"选项(或者单击工具栏中的图标 ),命名为mux41.vhd。

**注意:** 这里的文件名必须和实体名一致,后缀为.vhd。

(3) 文本文件的设计输入。

在文本文件建立之后,要对建立的文本文件进行设计输入。在打开的图形文件的工作区,进行VHDL语言的编程设计。

设计思路如下所述。

选择器常用于信号的切换,四选一选择器可以用于四路信号的切换。四选一选择器有四个信号输入端A,B,C,D,两个信号选择端$S_1$和$S_2$和一个信号输出端Z。

当$S_1$、$S_2$输入不同的选择信号时,就可以使A,B,C,D中某个相应的输入信号与输出端Z接通。

具体的程序实现可以有多种方法,以下是四路选择器的参考程序。

**方法一** 用WHEN-ELSE语句实现四选一电路源程序。

```
library ieee;
use ieee.std_logic_1164.all;
entity mux41 is
    port(   s1,s2:in std_logic;
            a,b,c,d:in std_logic;
            z:out std_logic);
end entity mux41;
architecture art of mux41 is
    signal s:std_logic_vector(1 downto 0);
        begin
            s<=s1&s2;
            z<=a when s="00" else
               b when s="01" else
               c when s="10" else
               d;
    end architecture art;
```

**方法二** 用IF语句实现四选一电路源程序。

```
library ieee;
use ieee.std_logic_1164.all;
entity mux41 is
port(    a,b,c,d   :in  std_logic;
            s1,s2 :in  std_logic;
            z     :out std_logic);
end mux41;
architecture art of mux41 is
```

```
    signal s :std_logic_vector(1 downto 0);
begin
    s<=s1&s2;
    process(s,a,b,c,d)
        begin
            if(s="00")    then    z<=a;
              elsif(s="01")    then    z<=b;
                elsif(s="10") then    z<=c;
            else z<=d;
                end if;
    end process;
end art;
```

**方法三** 用 CASE 语句实现四选一电路源程序。

```
library ieee;
use ieee.std_logic_1164.all;
entity mux41 is
port(   a,b,c,d    :in std_logic;
        s1,s2      :in std_logic;
           z       :out std_logic);
end mux41;
architecture art of mux41 is
    signal s :std_logic_vector(1 downto 0);
begin
    s<=s1&s2;
    process(s,a,b,c,d)
    begin
      case s is
            when "00"=>z<=a;
          when "01"=>z<=b;
              when "10"=>z<=c;
          when "11"=>z<=d;
              when others=>z<='X';
            end case;
        end process;
end art;
```

3）编译

在图形文件输入完成后，要对输入的图形文件进行编译，通过编译找出设计输入过程中的错误、对设计进行优化、将设计输入在某个指定的器件中实现、输出仿真和编程等过程所需的各种文件。编译的具体步骤如下所述。

（1）将设计输入的图形文件指定为当前的项目：编译器件总是对当前的项目进行编译，所以在编译之前首先要将刚才输入的图形文件指定为当前项目。方法是在设计输入文件的窗口中单击工具栏中的图标 ，或从菜单中选择"File"→"Project"→"Set Project to Current File"，系统就会将当前的文件设置为项目。

（2）编译：单击工具栏的图标，系统就会保存所有打开的设计文件并对当前的项目（即当前的图形输入文件）进行编译；或从菜单中选择"MAX+plusII"→"Compiler"，打开编译器的窗口，然后单击编译器中的"Start"按键，编译器就会对当前的项目进行编译。在编译的过程中，任何环节发生错误，编译就会停止，由信息处理器给出错误信息。直到修改至没有错误，编译通过。编译成功窗口如图5-35所示。

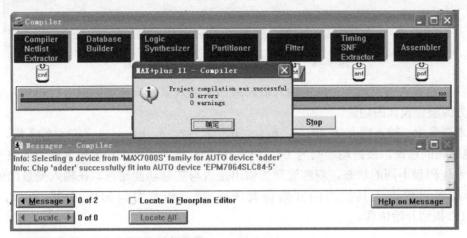

图 5-35　编译成功窗口

4）设计验证

一般的应用系统设计时只要做时序仿真来进行设计验证。时序仿真一般在波形编辑器内进行，时序仿真的步骤如下所述。

（1）建立波形文件。

首先要产生一个仿真的波形文件（*.scf），单击工具栏中的图标或使用菜单命令"File"→"New"，屏幕上出现如图 5-34 所示的对话框，选中"Waveform Edidor file"单选项后再单击"OK"按键，系统会产生一个波形文件。

（2）加入仿真节点。

接着要在波形文件中加入需要控制、观察的节点。在波形文件编辑窗口内单击鼠标的右键，选择"Enter Nodes from SNF"命令，屏幕上会出现如图 5-22 所示的对话框，在"Type"多选框中选择需要加入的节点类型，常用的选项有输入节点、输出节点、成组节点、寄存器节点、组合节点等。在本例中选择输入节点与输出节点，然后单击"List"按键，这时所有的输入、输出节点都出现在"Available Nodes & Groups"列表框中，左手按"ctrl"按键，右手同时用鼠标单击要选择的节点，选择完毕后单击 => 按键，选中的节点就被加入到右边的"Selected Nodes & Groups"区域框中，单击"OK"按键，所选的节点就出现在波形文件中了。在本例中选择所有的输入、输出节点。这时波形文件中加入的节点有a，b，c，d，s1，s2 和 z 共 7 个节点。如图 5-36 所示为建立的波形图。

（3）仿真。

在仿真开始之前，先要选择合适的仿真时间长度。使用菜单命令"File"→"End Time"，屏幕上会出现如图 5-37 所示的对话框，在"Time"输入框中输入仿真的时间长度，按"OK"按键确认。

### 数字电子技术实践

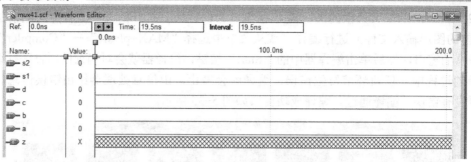

图 5-36 波形编辑窗口中建立的仿真波形图

然后要给输入节点加上相应的输入值。所加的输入信号应与实际应用时相仿，有利于从各个方面验证设计的功能。

在本任务中，输入端有 6 个：a，b，c，d，s1，s2。a，b，c，d 为信号输入端，s1 和 s2 为地址码的选择，根据地址码为 00、01、10、11 选择不同的信号输入端口的信号。因此，给地址码设不同的状态，观察波形的输出是否与实际功能相符。在输入变量的值设置完成毕后可以单击工具栏内的开始仿真图标 ，仿真窗口如图 5-38 所示，单击"START"按钮开始仿真。

图 5-37 仿真时间长度选择的对话框

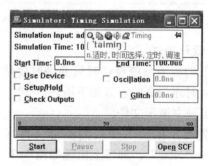

图 5-38 仿真窗口

（4）仿真结果验证。

仿真的结果显示：当地址码为 00 时，a 端口的信号被输出；当地址码为 01 时，b 端口的信号被输出；当地址码为 10 时，c 端口的信号被输出；当地址码为 11 时，d 端口的信号被输出。符合四路选择器功能，其波形图如下 5-39 所示。

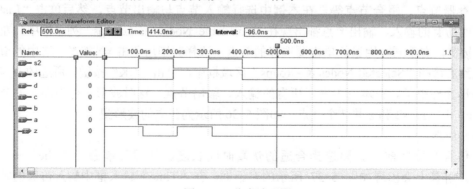

图 5-39 仿真波形图

5）芯片编程及相关工作

芯片编程及相关的工作应包含以下几个步骤。

（1）选择芯片型号。

在设计项目下单击菜单命令"Assign"→"Devic"，出现如图 5-40 所示的芯片选择窗口，在"Device Family"下拉菜单中选择所用的可编程器件所属的系列，如芯片 EPF10K10LC84-4 属 FLEX10K 系列，即选用"FLEX10K"；"Devices"选择框中列出了所选择的系列中包含的芯片，选中"EPF10K10LC84-4"型号后，单击"OK"按键，选择芯片的工作就完成了。

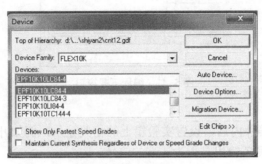

图 5-40 芯片选择窗口

（2）锁定引脚。

在引脚列表中单击某个需要进行引脚锁定的引脚（即输入端口符号 INPUT、输出端口符号 OUTPUT），如 a；然后单击住鼠标左键把它拖动到引脚处，引脚锁定就完成了。

本任务中锁定的引脚参见如表 5-5，仅供参考。用户在设计时，可以根据需要来锁定相应的引脚。

表 5-5 各端口信号的引脚锁定

| 信 号 名 | 引 脚 号 | 对应器件名称 |
|---|---|---|
| a | 28 | 时钟信号 K1 |
| b | 29 | 数据开关 K2 |
| c | 30 | 数据开关 K3 |
| d | 35 | 数据开关 K4 |
| s1 | 36 | 数据开关 K5 |
| s2 | 37 | 数据开关 K6 |
| Z | 51 | 输出发光二极管 L1 |

（3）编译。

在完成芯片指定与引脚锁定后，需对项目重新进行编译，这样最终的目标文件才能与目标硬件的相吻合，完成所需的功能。

（4）编程下载。

在软件设计仿真调试完毕、引脚锁定完成后可以将目标程序下载到可编程器件内，使可编程器件完成所需的功能。在 MAX+plusII 菜单下选择"Programmer"，检查对话框中的下载文件和具体的芯片型号是否正确，然后单击"Configure"按键，就可完成下载。编程下载窗口如图 5-41 所示。

图 5-41　编程下载窗口

（5）调试。

程序下载到可编程器件内后，设置实验箱上的相关输入，例如开关 K5、K6 对应于 s1 和 s2，设为低电平，观察 Z 输出是否为 a 端的信号。

## 任务 5-3　4 位二进制加法计数器的 VHDL 设计

### 1. 计数器介绍

计数器是在数字系统中使用最多的时序电路，它不仅能用于对时钟脉冲计数，还可以用于分频、定时、产生节拍脉冲和脉冲序列，以及进行数字运算等。计数器分同步计数器和异步计数器两种。所谓同步或异步都是相对于时钟信号而言的，不依赖于时钟而有效的信号称为异步信号，否则称为同步信号。

1）同步计数器的设计

所谓同步计数器，就是在时钟脉冲（计数脉冲）的控制下，构成计数器的各触发器状态同时发生变化的那一类计数器。

例如：下面是一个模为 60，具有异步复位、同步置数功能的 8421BCD 码计数器，其端口示意图如 5-42 所示。

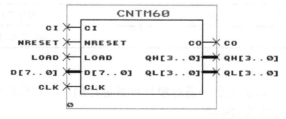

图 5-42　六十进制计数器端口示意图

2）异步计数器的设计

异步计数器又称行波计数器，它将低/高位计数器的输出作为高/低位计数器的时钟信号，这一级一级串行连接起来就构成了一个异步计数器。异步计数器与同步计数器不同之处就在于时钟脉冲的提供方式，但由于异步计数器采用行波计数，从而使计数延迟增加，在要求延迟小的领域受到了很大限制。尽管如此，由于它的电路简单，仍有广泛的应用。

例如：下面是一个由 8 个触发器构成的异步计数器，采用元件例化的方式生成，如图 5-43 所示。

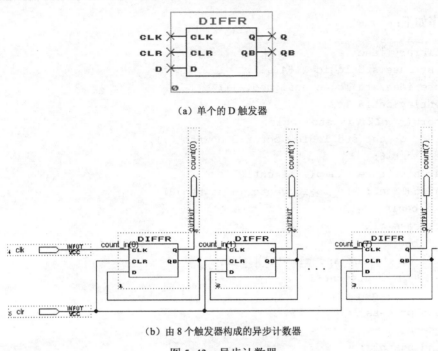

（a）单个的 D 触发器

（b）由 8 个触发器构成的异步计数器

图 5-43　异步计数器

### 2. 任务要求

设计一个 4 位加法计数器模块，具有异步清零和同步时钟使能功能，具有进位输出端口，要求采用 VHDL 语言设计实现。完成文本输入设计与仿真，对仿真结果进行设计验证。

### 3. 测试设备与器件

装有 MAX+plusII 的计算机 1 台

实验箱一台

### 4. 设计思路

具有异步清零和同步时钟使能功能的 4 位加法计数器，其外部接口示意图如图 5-44 所示。其中，CLR 为异步清零，高电平清零；EN 为同步使能，高电平使能信号有效；CLK 为 CP 脉冲；Q[3..0]为加法计数器的四位输出；COUT 为进位输出。

### 5. 实施步骤

（1）编写一个 4 位二进制的计数器程序。

如图 5-45 所示，CLK 为时钟输入，Q[3..0]为 4 位二进制计数输出，当 CP 上升沿到来，计数器加法计数。

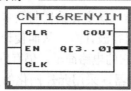
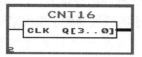

图 5-44　4 位二进制加法计数器接口示意图　　图 5-45　4 位二进制计数器模块框图

源程序如下：

```vhdl
library ieee;
use ieee.std_logic_1164.all;
use ieee.std_logic_unsigned.all;
entity cnt16 is
port(   clk: in std_logic;
     q: out std_logic_vector(3 downto 0));
end cnt16;
architecture example of cnt16 is
signal cnt: std_logic_vector(3 downto 0);
   begin
process(clk)
   begin
if  (clk'event and clk='1') then
        cnt<=cnt+1;
        end if;
end process;
q<=cnt;
end example;
```

（2）编写具有异步清零功能的 4 位二进制计数器。

在上面的基础上加上 CLR 异步清零端口。所谓异步清零，即与时钟无关。高电平清零，当 CLR=1 时，不管时钟是否到来，立刻清零。其模块框图如图 5-46 所示。

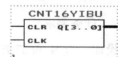

图 5-46　具有异步清零的 4 位二进制计数器模块框图

源程序如下：

```vhdl
library ieee;
use ieee.std_logic_1164.all;
use ieee.std_logic_unsigned.all;
entity cnt16 is
port(   clr :in std_logic;
        clk :in std_logic;
        q   :out std_logic_vector(3 downto 0));
end cnt16;

architecture example of cnt16 is
signal cnt: std_logic_vector(3 downto 0);
begin
process(clr,clk)
```

```
begin
if clr='1' then cnt<="0000";
    elsif  (clk'event and clk='1') then
        cnt<=cnt+1;
end if;
end process;
q<=cnt;
end example;
```

(3) 编写一个具有异步清零同步使能 4 位二进制的计数器程序。

如图 5-47 所示，CLK 为时钟输入，CLR 为异步清零，EN 为同步使能，Q[3..0]为 4 位二进制计数输出，当 CP 上升沿到来，计数器加法计数。

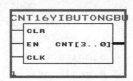

图 5-47  具有异步清零同步使能的 4 位二进制计数器模块框图

源程序如下：

```
library ieee;
use ieee.std_logic_1164.all;
use ieee.std_logic_unsigned.all;
entity cnt16 is
port(   clr,en :in std_logic;
        clk :in std_logic;
        q   :out std_logic_vector(3 downto 0));
end cnt16;
architecture example of cnt16 is
signal cnt: std_logic_vector(3 downto 0);
begin
process(clr,en,clk)
    begin
        if clr='1' then cnt<="0000";
            elsif  (clk'event and clk='1') then
                if en='1' then
                    cnt<=cnt+1;
                end if;
        end if;
    end process;
q<=cnt;
end example;
```

(4) 编写具有进位功能的异步清零同步使能 4 位二进制计数器。

如图 5-48 所示，CLK 为时钟输入，CLR 为异步清零，EN 为同步使能，Q[3..0]为 4 位二进制计数输出，COUT 为进位输出。当 CP 上升沿到来，计数器加法计数，当计数计到 1111 时，进位输出高电平。

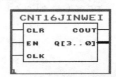

图 5-48  具有异步清零同步使能的 4 位二进制计数器模块框图

数字电子技术实践

源程序如下：

```vhdl
library ieee;
use ieee.std_logic_1164.all;
use ieee.std_logic_unsigned.all;
entity cnt16 is
port(   clr,en :in std_logic;
        clk :in std_logic;
          cout:out std_logic;
        q    :out std_logic_vector(3 downto 0));
end cnt16;
architecture example of cnt16 is
signal cnt: std_logic_vector(3 downto 0);
begin
process(clr,en,clk)
begin
if clr='1' then cnt<="0000";
    elsif (clk'event and clk='1') then
            if en='1' then
                cnt<=cnt+1;
            end if;
     end if;
end process;
process(cnt) is
    begin
    if cnt="1111" then cout<='1';
        else cout<='0';
    end if;
end process;
q<=cnt;
end example;
```

(5) 编写具有进位功能的同步使能异步清零的任意模计数器。（设计十进制计数器）

源程序如下：

```vhdl
library ieee;
use ieee.std_logic_1164.all;
use ieee.std_logic_unsigned.all;
entity cnt16 is
port(   clr,en :in std_logic;
        clk :in std_logic;
          cout:out std_logic;
        q    :out std_logic_vector(3 downto 0));
end cnt16;
architecture example of cnt16 is
signal cnt: std_logic_vector(3 downto 0);
begin
```

```
process(clr,en,clk)
begin
if clr='1' then cnt<="0000";
    elsif  (clk'event and clk='1') then
            if en='1' then
              if cnt="1001" then  cnt<="0000";
                  else
                     cnt<=cnt+1;
              end if;
            end if;
end if;
end process;
process(cnt) is
   begin
   if cnt="1001" then cout<='1';
       else cout<='0';
     end if;
end process;
q<=cnt;
end example;
```

由程序可以看出，语句"if cnt="1001" then　cnt<="0000"; else cnt<=cnt+1;"实现了十进制计数。如果要修改计数器的模，只要修改该语句中的相应部分即可。

**思考题 5-2**

（1）VHDL 程序的结构有哪几部分？
（2）试设计一个 8 位的四路选择器，如何实现？
（3）试用 VHDL 语言设计模 6 计数器并仿真验证。
（4）试用 VHDL 语言设计实现模 24 计数器并仿真验证。

## 任务 5-4　基于 FPGA 的数字秒表设计

数字秒表可由普通的中小规模数字集成电路构成，这样的设计通常体积较大；数字秒表也可由专用的集成电路构成，它的优点是体积小、功耗低，缺点是专用芯片的开发成本高，且不能进行设计修改，只有当产品技术已经非常成熟且达到一定的生产规模时才能采用这种方式；数字秒表还可用可编程逻辑器件构成，这种方式不仅体积小、功耗低，并且设计修改方便。本次任务就是使用可编程逻辑器件设计一数字秒表。

### 1. 任务要求

设计并调试好一个计时范围为 0.01 s～1 h 的数字秒表，用 EDA 实验开发系统（拟采用的实验芯片的型号可选 Altera 公司的 FLEX10K 系列的 EPF10K10LC84-4 FPGA）进行硬件验证。

（1）系统输入频率为 4096 Hz。

（2）按功能将系统分成多个模块（模 10 计数器、模 6 计数器、分频模块、动态显示模块）。

（3）各模块电路分别独立完成 VHDL 源程序的编辑、编译和仿真。

（4）将各模块电路分别进行时序仿真以确定各模块功能的正确性。

（5）将各模块连接完成顶层设计，并下载到实验开发系统中，进行硬件的调试。

### 2. 测试设备与器件

装有 MAX+PlusII 的计算机 1 台

实验箱一台

### 3. 设计思路

根据要求，设计一个计时范围为 0.01 s～1 h 的数字秒表，秒表显示如图 5-49 所示，共需要 6 个数码管，图 5-49（a）是显示分，图 5-49（b）是显示秒，图 5-49（c）是显示百分秒。

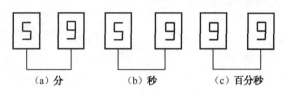

图 5-49　数字秒表的数码显示

首先，需要获得一个比较精确的计时基准信号，这里输入频率为 4096 Hz，需要对其进行 41 分频，得到周期为 1/100 s 的计时脉冲，所以需要一个分频模块。其次，分析计数模块，由图 5-49 可知，计数模块共分为 4 个十进制计数器模块（分钟的个位、秒钟的个位、百分秒的十位和个位）和 2 个六进制计数器模块（分钟的是十位、秒钟的十位），对每一计数器模块需设置清零信号和时钟使能信号，即计时允许信号，以便作为秒表的计时清零和起停控制开关。最后，6 个计数器中的每一计数器的 4 位输出，通过 8 端口的动态驱动显示模块在数码管上显示。

设计产生的顶层文件电路图由一个分频模块、6 个计数模块和一个动态显示模块构成。

### 4. 实施步骤

1）分频模块的设计

CLK 为时钟输入端，NEWCLK 为分频后的时钟。通常 $n$ 进制的计数器，可以构成 $n$ 分频。本次任务输入频率为 4096 Hz，系统要求达到 0.01 s 精度，因此对它进行 41 分频，即设计一模 41 的计数器。

源程序如下：

```
library ieee;
use ieee.std_logic_1164.all;
entity fenpin is
  port(clk:in std_logic;
    newclk:out std_logic);
end entity fenpin;
```

```
architecture art of fenpin is
signal cnter:integer range 0 to 45;      --定义一个信号,信号名为cnter
                                         --数据类型为整型
  begin
process(clk)is
      begin
        if clk'event and clk='1' then
            if cnter=40 then
cnter<=0;                                --模41计数器的实现
else cnter<=cnter+1;
            end if;
          end if;
      end process;
process(cnter)is
      begin
        if cnter=40 then newclk<='1';    --进位输出高电平,实现分频
            else newclk<='0';
        end if;
      end process;
  end architecture art;
```

编译完成后,执行菜单"File"→"Creat Default Symbol",可生成元件符号。在用户库中生成的分频电路模块的框图如5-50所示。

图 5-50 分频电路模块框图

2) 计数器模块设计

本次任务中,需要4个十进制计数器和2个六进制计数器模块。

(1) 十进制计数器模块源程序如下:

```
library ieee;
use ieee.std_logic_1164.all;
use ieee.std_logic_unsigned.all;
entity cnt10 is
    port(clk:in std_logic;                          --定义时钟端clk
        clr:in std_logic;                           --定义清零端clr
        ena:in std_logic;                           --定义使能端en
        cq:out std_logic_vector(3 downto 0);        --定义4位输出信号
        carry_out:out std_logic);
 end entity cnt10;
architecture art of cnt10 is
   signal cqi:std_logic_vector(3 downto 0);
   begin
     process(clk,clr,ena)is
```

171

```
      begin
        if clr='1' then cqi<="0000";                --异步清零
          elsif clk'event and clk='1' then
            if ena='1' then                         --同步使能
              if cqi="1001"then       --如果计数器到9,清零,实现十进制
                cqi<="0000";
                else cqi<=cqi+1;
              end if;
            end if;
        end if;
      end process;
      process(cqi) is
        begin
          if cqi="0000" then carry_out<='1';        --实现进位
            else carry_out<='0';
          end if;
      end process;
      cq<=cqi;
    end architecture art;
```

编译完成后,执行菜单"File"→"Creat Default Symbol",可生成元件符号。在用户库中生成的计数器模块的框图如 5-51 所示。

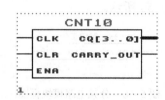

图 5-51 模 10 计数器模块框图

(2) 六进制计数器模块的源程序如下:

```
    library ieee;
    use ieee.std_logic_1164.all;
    use ieee.std_logic_unsigned.all;
    entity cnt6 is
      port(clk:in std_logic;                       --定义时钟端clk
           clr:in std_logic;                       --定义清零端clr
           ena:in std_logic;                       --定义使能端en
           cq:out std_logic_vector(3 downto 0);    --定义4位输出信号
           carry_out:out std_logic);
    end entity cnt6;
    architecture art of cnt6 is
      signal cqi:std_logic_vector(3 downto 0);
      begin
        process(clk,clr,ena)is
          begin
```

```
              if clr='1' then cqi<="0000";              --异步清零
                elsif clk'event and clk='1' then
                  if ena='1' then                      --同步使能
                    if cqi="0101"then                  --如果计数器到5，清零，实现六进制
                      cqi<="0000";
                      else cqi<=cqi+1;
                    end if;
                  end if;
                end if;
              end process;
              process(cqi) is
                begin
                  if cqi="0000" then carry_out<='1';   --实现进位
                    else carry_out<='0';
                  end if;
              end process;
              cq<=cqi;
          end architecture art;
```

编译完成后，执行菜单"File"→"Creat Default Symbol"，可生成元件符号。在用户库中生成的计数器模块的框图如 5-52 所示。

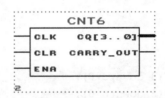

图 5-52 模 6 计数器模块框图

3）动态显示模块设计

当时钟上升沿到来时，位码和段码同时选中，依次扫描。设计中采用三个进程。因为 8 位数码管，因此在第一个进程中设计一个模 8 的计数器。由计数器来控制 8 个数码管和八段码（七段加上小数点）同时选中。具体的源程序如下：

```
library ieee;
use ieee.std_logic_1164.all;
use ieee.std_logic_unsigned.all;
ENTITY saos IS
  PORT(
    clk : IN    STD_LOGIC;
      p1,p2,p3,p4,p5,p6,p7,p8 : IN    STD_LOGIC_VECTOR(3 downto 0);
      wei : OUT   STD_LOGIC_VECTOR(7 downto 0);      --位码端口的定义
      duan: OUT   STD_LOGIC_VECTOR(7 downto 0));     --段码端口的定义
END ENTITY saos;
ARCHITECTURE a OF saos IS
    SIGNAL count : STD_LOGIC_VECTOR(2 downto 0);
```

```vhdl
      SIGNAL temp : STD_LOGIC_VECTOR(3 downto 0);
 BEGIN
PROCESS (clk)
BEGIN
IF clk'event and clk='1' THEN
      count<=count+1;                          --实现八进制
END IF;
END PROCESS ;
process(count)
begin
case count is
when "000"=>wei<="00000001";         --利用八进制计数，进行8个数码管位码的选择
when "001"=>wei<="00000010";
when "010"=>wei<="00000000";
when "011"=>wei<="00001000";
when "100"=>wei<="00010000";
when "101"=>wei<="00000000";
when "110"=>wei<="01000000";
when "111"=>wei<="10000000" ;
when others=>   NULL;
end case;
end process;
process(count)
begin
case count is
when "000"=>temp<=p1(3 downto 0);
when "001"=>temp<=p2(3 downto 0);
when "010"=>temp<=p3(3 downto 0);
when "011"=>temp<=p4(3 downto 0);
when "100"=>temp<=p5(3 downto 0);
when "101"=>temp<=p6(3 downto 0);
when "110"=>temp<=p7(3 downto 0);
when "111"=>temp<=p8(3 downto 0);
when others=>   NULL;
end case;
end process;
process(temp)
begin
case temp is
when "0000"=>duan<="11111100";          --0 段码
when "0001"=>duan<="01100000";          --1 段码
when "0010"=>duan<="11011010";          --2 段码
when "0011"=>duan<="11110010";          --3 段码
when "0100"=>duan<="01100110";          --4 段码
when "0101"=>duan<="10110110";          --5 段码
when "0110"=>duan<="10111110";          --6 段码
```

```
            when "0111"=>duan<="11100000";              --7 段码
            WHEN "1000"=>duan<="11111110";              --8 段码
            WHEN "1001"=>duan<="11110110";              --9 段码
            WHEN OTHERS=>NULL;
            end case;
        end process;
    end a;
```

编译完成后，执行菜单"File"→"Creat Default Symbol"，可生成元件符号。在用户库中生成的动态模块的框图如 5-53 所示。

4）顶层文件的设计

建立一个图形设计文件，引入各元件模块，完成电路连接。值得注意的是，该图形文件为数字秒表的顶层文件，命名时不可与设计中的分模块同名。完成的电路连接图如图 5-54 所示。

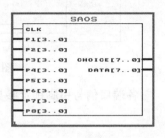

图 5-53 动态显示模块框图

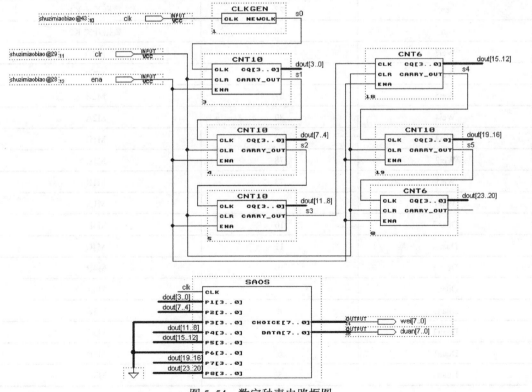

图 5-54 数字秒表电路框图

5）设计电路

对上述电路逻辑图进行编译、仿真、锁定引脚和下载。

如图 5-55 为实验平台数码管的段码和位码的引脚对应图。

数字电子技术实践

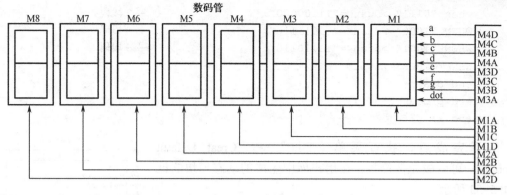

图 5-55  8 位数码管的位码和段码引脚对应图

各端口信号引脚锁定参见表 5-6。

表 5-6  各端口信号的引脚锁定

| 信 号 名 | 引 脚 号 | 对应器件名称 |
| --- | --- | --- |
| clk | 43 | 时钟信号 CP1 |
| en | 28 | 数据开关 K1 |
| clr | 29 | 数据开关 K2 |
| Wei7 | 3 | M2D |
| Wei6 | 83 | M2C |
| Wei5 | 81 | M2B |
| Wei4 | 80 | M2A |
| Wei3 | 79 | M1D |
| Wei2 | 78 | M1C |
| Wei1 | 73 | M1B |
| Wei0 | 72 | M1A |
| Duan7 | 16 | M4D |
| Duan6 | 11 | M4C |
| Duan5 | 10 | M4B |
| Duan4 | 9 | M4A |
| Duan3 | 8 | M3D |
| Duan2 | 7 | M3C |
| Duan1 | 6 | M3B |
| Duan0 | 5 | M3A |

6）硬件调试

程序下载到可编程器件内后，设置实验箱上的相关输入，开关 K1 对应于 en，设为高电平；开关 K2 对应于 clr，设为低电平，观察数码管上秒表开始计数。当把 K1 设为低电平，计数暂停，当把 K2 设为高电平，计数清零。计时范围为 0.01 s～1 h，实现了该数字秒表的设计。

## 项目 5 可编程逻辑电路设计

**思考题 5-3**

（1）用顶层文件的设计方法设计完成 8 位十进制的频率计。

### 知识梳理与总结

本项目介绍了可编程逻辑器件分类、简单 PLD 原理、EDA 与传统电子设计方法的区别、CPLD/FPGA 结构与工作原理、CPLD/FPGA 设计流程、MAX+plusII 软件使用以及 VHDL 设计与应用。

MAX+plusII 软件包括原理图输入设计和文本输入设计。

VHDL 语言设计的基本结构主要由库、程序包、实体和结构体构成。实体由端口描述组成，端口描述定义了该实体的外部特征；结构体描述表述该实体的内部特性；对于 VHDL 语言的包集合，库也作了简要的介绍。

本项目还介绍了一些常用电路模块的 VHDL 设计，比如多路选择器模块、计数器模块、分频模块、动态显示模块等，熟悉了 VHDL 设计组合逻辑电路和时序逻辑电路的原理与方法。

### 练习题 5

**一、选择题**

5.1 可编程逻辑器件是____。
   A．一种功能固定的专用芯片
   B．一种像 CUP 那样可以运行软件的硬件平台
   C．一种半成品的数字集成电路
   D．一种半成品的模拟集成电路

5.2 下列的器件生产厂商除了____均是可编程器件的主要制造厂商。
   A．Altera     B．Xilinx     C．TI     D．Lattice

5.3 CPLD 的含义是____。
   A．专用集成电路          B．复杂可编程逻辑器件
   C．现场可编程门阵列      D．组合可编程逻辑器件

5.4 MAX+plusⅡ是____公司的可编程器件开发软件。
   A．Altera     B．Xilinx     C．Actel     D．Lattice

5.5 MAX+plusII 中用于产生仿真文件的编辑器是____。
   A．波形编辑器          B．图形编辑器
   C．文本编辑器          D．符号编辑器

5.6 用于输入设计原理图的编辑器是____。
   A．波形编辑器          B．图形编辑器
   C．文本编辑器          D．符号编辑器

5.7 VHDL 语言的实体是用来定义____。

A. 模块的功能　　　　　　　　B. 模块的输入输出端口
C. 模块中的函数　　　　　　　D. 模块中的进程

5.8 MAX+plusII 的设计过程包括_____、_____、_____和_____四个阶段。

5.9 用图形方式设计一个模 6 计数器，并对设计进行验证。

5.10 一个完整的 VHDL 程序通常包含库、_____、_____和_____四部分。

5.11 在 MAX+plusII 中，用 VHDL 语言程序文件保存时，文件名必须与_____名一致，后缀名必须为_____，文件不能保存在_____目录下，文件保存的路径中不能含_____。

二、应用题

5.12 用 VHDL 语言设计一个 8 位的四选一选择器，并对设计进行验证。

5.13 用 VHDL 语言设计一个 1 位的十六选一选择器，并对设计进行验证。

5.14 用 VHDL 语言设计一个输出低电平有效的 3-8 译码器，并对设计进行验证。

5.15 用 VHDL 语言设计一个 256 分频电路，并对设计进行验证。

# 项目6  A/D与D/A转换器功能测试

在日常生活中,绝大多数的物理量都是连续变化的模拟量,例如温度、压力等,而这些模拟量经传感器转换后所产生的电信号仍然是模拟信号,如果用数字系统对这些信号进行处理时,必须将电信号转换为数字信号,即模数转换(Analog to Digital,A/D转换),完成模数转换的电路称为模数转换器(Analog to Digital Converter,ADC)。当需要用数字系统控制外部的模拟信号时,必须将数字信号转换成模拟信号,完成相反的过程,即数模转换(Digital to Analog,D/A转换),完成数模转换的电路称为数模转换器(Digita to Analog Converter,DAC)。本项目在介绍数模转换器(DAC)和模数转换器(ADC)工作原理的基础上,完成集成转换器芯片的功能测试。

## 6.1 数模转换器（DAC）

数模转换器（DAC）基本功能是将 $N$ 位的数字量 D 转换成与 $N$ 位数字量 D 相对应的模拟信号 A 输出（模拟电流或模拟电压）。

### 6.1.1 D/A 转换原理

数模转换电路接收的是数字信息，而输出的是与输入数字量成正比的电压或电流，输入数字信息可以用任何一种编码形式，代表正、负或正负都有的输入值。如图 6-1 所示，表示一个双极性输出型有 4 位数字输入的 DAC 转换特性。

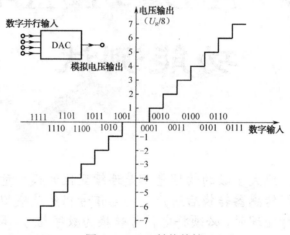

图 6-1　DAC 转换特性

由图 6-1 可知，输入数字信息的最高位（MSB）为符号位，1 表示负值，0 表示正值。输入的数字信息是以原码表示的。

DAC 的分辨率取决于数字输入的位数，通常不超过 16 位，则分辨率为满刻度的 $\dfrac{1}{2^{16}-1}$。而 DAC 的精度则与转换器的所有元件的精度和稳定度、电路中的噪声和漏电等因素有关。例如，一个 16 位的 DAC 转换器，它的最大输出电压为 10 V，则对应于最低位 LSB 的电压为 152 μV（分辨率），即为总电压的 0.00152%。由此可见，为了达到 16 位 DAC 的分辨率，要求所有元器件有极精密的配合，并且严格地屏蔽干扰，彻底地杜绝漏电。

如图 6-2 所示为 $n$ 位 DAC 的组成框图。

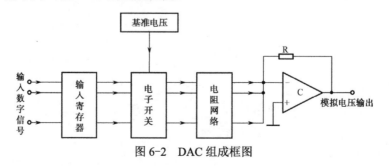

图 6-2　DAC 组成框图

### 6.1.2 D/A 转换器的类型

D/A 转换器种类很多，根据工作方式的不同，D/A 转换器可分为电压相加型和电流相加型。根据译码网络的不同，可分为权电阻网络型 D/A 转换器、倒 T 电阻网络型 D/A 转换器等形式。在单片集成 D/A 转换芯片中采用最多的是倒 T 电阻网络型 D/A 转换器。下面以 4 位倒 T 电阻网络型 D/A 转换器为例阐述 D/A 转换的原理。如图 6-3 所示为倒 T 电阻网络型 D/A 转换器的电路结构。

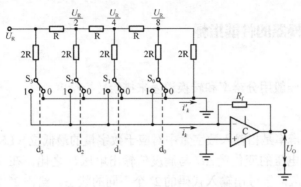

图 6-3 倒 T 电阻网络型 D/A 转换器

以上电路共有三个组成部分。

（1）模拟开关 $S_3$、$S_2$、$S_1$、$S_0$。输入的数字信号 $d_3$、$d_2$、$d_1$、$d_0$ 控制模拟开关的位置，当输入数字信号为"0"时，开关打向右边，将图中的 2R 电阻与地相连接；当输入数字信号为"1"时，开关打向左边，将图中的 2R 电阻接入运算放大器的反相输入端。但是无论开关打向左边还是右边都是接地，因为运算放大器的反相输入端为"虚地"。

（2）R-2R 电阻倒 T 型网络。倒 T 型网络的基本单元是电阻分压，无论从哪个节点看进去都是 2R 的电阻值，电阻网络中电阻种类只有两种，R 和 2R。

（3）将电阻网络中流进运算放大器的电流相加并转换成电压的形式输出，所以：

$$i_k = \frac{U_R}{2R}d_3 + \frac{\frac{U_R}{2}}{2R}d_2 + \frac{\frac{U_R}{4}}{2R}d_1 + \frac{\frac{U_R}{8}}{2R}d_0$$

$$= \frac{U_R}{2^4 R}(d_3 \times 2^3 + d_2 \times 2^2 + d_1 \times 2^1 + d_0 \times 2^0)$$

转换器的输出电压 $U_O$ 为

$$U_O = -i_k \cdot R_f = -\frac{U_R R_f}{2^4 R}(d_3 \times 2^3 + d_2 \times 2^2 + d_1 \times 2^1 + d_0 \times 2^0)$$

$$= -\frac{U_R R_f}{2^4 R} D_4$$

上式表明：输入的数字量转换成了与其成正比的模拟量输出。

如果是 $n$ 位数字量输入，则上式可改写为

$$U_O = -i_k \cdot R_f = -\frac{U_R R_f}{2^n R}(d_{n-1} \times 2^{n-1} + d_{n-2} \times 2^{n-2} + d_{n-3} \times 2^{n-3} + \cdots + d_0 \times 2^0)$$

$$= -\frac{U_R R_f}{2^n R} D_n$$

式中　　$n$——表示二进制位数；

$$D_n = \sum_{i=0}^{n-1} d_i \times 2^i 。$$

（4）倒 T 电阻网络型是目前集成 D/A 芯片中使用最多的一种，它有如下的特点：

① 电路中电阻的种类很少，便于集成和提高精度。

② 无论模拟开关如何变换，各支路中的电流保持不变，因此不需要电流建立时间，提高了转换速度。

### 6.1.3　D/A 转换器的性能指标

**1. 转换精度**

在 D/A 转换器中一般用分辨率和转换误差来描绘转换精度。

**2. 分辨率**

D/A 转换器的分辨率是指输入数字量中对应于数字量的最低位（LSB）发生单位数码变化时引起的输出模拟电压的变化量 $\Delta U$ 与满度值输出电压 $U$ 之比。在 $n$ 位的 D/A 转换器中，输出的模拟电压应能区分出输入代码的 $2^n$ 个不同的状态，给出 $2^n$ 个不同等级的输出模拟电压，因此分辨率可表示为

$$分辨率 = \frac{1}{2^n - 1}$$

式中　　$n$——D/A 转换器中输入数字量的位数。

例如：8 位 D/A 转换器的分辨率为

$$分辨率 = \frac{1}{2^n - 1} = \frac{1}{255} \approx 0.004$$

此分辨率若用百分比表示，为 0.4%。

分辨率表示 D/A 转换器在理论上能够达到的精度。

可以看出，DAC 的位数越多，分辨率的值越小，即在相同情况下输出的最小电压越小，分辨能力越强。在实际使用中，通常把 $2^n$ 或 $n$ 称为分辨率，例如 8 位 DAC 的分辨率为 $2^8$ 或 8 位。

**3. 转换误差**

D/A 转换误差是指它在稳定工作时，实际模拟输出值和理论值之间的最大偏差。通常以输入电压满刻度（FSR）的百分数来表示，例如 DAC 的线性误差为 0.05%FSR，即指转换误差为满量程的 0.05%。有时，误差用最小数字量的倍数来表示。例如：给出的转换误差为 $\frac{LSB}{2}$，这就表明输出模拟电压的绝对误差等于输入量为 0…01 时所对应的输出模拟电压值的 $\frac{1}{2}$。

DAC 误差产生的原因有基准电压 $U_{REF}$ 的波动、运算放大器中的零点漂移、电阻网络中电阻值的偏差及非线性失真等。

分辨率和转换误差共同决定了转换精度，它们是相关的，对应转换误差大的 DAC 其分

辨率是没有意义的。要使 DAC 的精度高，不仅要选位数多的 DAC，还要选稳定度高的基准电压源和低温漂的运放与其配合。

### 4. 转换速度

通常以建立时间 $t_s$ 表征 D/A 转换器的转换速度。建立时间 $t_s$ 是指输入数字量从全"0"到全"1"（或反之，即输入变化为满度值）时起，到输出电压达到相对于最终值为 $-\frac{1}{2}\text{LSB} \sim +\frac{1}{2}\text{LSB}$ 范围内的数值为止所需的时间，建立时间又称为转换时间。DAC0832 的转换时间 $t_s$ 小于 500 ns。

### 5. 电源抑制比

在高质量的转换器中，要求模拟开关电路和运算放大器的电源电压发生变化时，对输出电压的影响非常小，输出电压的变化与对应的电源电压的变化之比，称为电源抑制比。此外，还有功率功耗、温度系数以及高低输入电平的数值、输入电阻、输入电容等指标，在此不再一一介绍。

## 6.1.4 集成 D/A 转换器的功能与应用

目前，根据分辨率、转换速度、兼容性及接口特性的性能的不同，集成 DAC 有多种不同类型和不同系列的产品。DAC0832 是 DAC0830 系列中的一款 CMOS 工艺制造的 8 位 D/A 转换器，是 8 位倒 T 型电阻网络转换器。DAC0832 是 8 位数据输入，它与单片机、CPLD、FPGA 可直接连接，且接口电路简单，转换控制容易且使用方便。在单片机及数字系统中得到广泛应用。

### 1. DAC0832 的引脚功能

DAC0832 主要由两个 8 位寄存器（输入寄存器和 DAC 寄存器）和一个 8 位 D/A 转换器组成。使用两个寄存器的好处是能简化某些应用中硬件接口电路的设计。该 D/A 转换器为二十脚双列直插式封装，其引脚图和逻辑结构图分别如图 6-4 和图 6-5 所示。

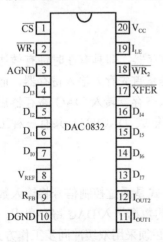

图 6-4　DAC0832 引脚分布

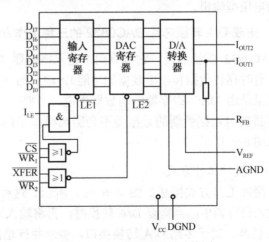

图 6-5　DAC0832 逻辑结构图

各引脚含义介绍如下：

$D_{I0} \sim D_{I7}$：8 位数字量数据输入线。

$I_{LE}$：数字锁存允许信号，高电平有效。

$\overline{CS}$：输入寄存器选通信号，低电平有效。

$\overline{WR_1}$：输入寄存器的写选通信号，低电平有效。

由图 6-5 可知：片内输入寄存器的选通信号 $\overline{LE_1} = \overline{\overline{CS} + \overline{WR_1}} \cdot I_{LE}$。当 $LE_1 = 1$ 时，输入寄存器状态随数据输入状态变化，而 $LE_1 = 0$ 时，则锁存输入数据。

$\overline{XFER}$：数据传输信号线，低电平有效。

$\overline{WR_2}$：DAC 寄存器的写选通信号，低电平有效。

DAC 寄存器的选通信号 $\overline{LE_2} = \overline{\overline{XFER} + \overline{WR_2}}$。当 $LE_2 = 1$ 时，DAC 寄存器状态随输入状态变化，而 $LE_2 = 0$ 时，则锁存输入状态。

$V_{REF}$：基准电压输入线。

$R_{FB}$：反馈信号输入线，芯片内已有反馈电阻。

$I_{OUT1}$、$I_{OUT2}$：电流输出线。$I_{OUT1}$ 与 $I_{OUT2}$ 的和为常数，$I_{OUT1}$、$I_{OUT1}$ 随 DAC 中的数据线性变化。

$V_{CC}$：电源线。

**DGND**：数字地。

**AGND**：模拟地。

D/A 转换芯片输入的是数字量，输出是模拟量。模拟信号很容易受到电源和数字信号等干扰引起波动。为提高输出的稳定性和减少误差，模拟信号部分必须采用高精度基准电源和独立的地线，一般数字地和模拟地分开。

模拟地是指模拟信号及基准电源的参考地。其余信号的参考地包括工作电源地、时钟、数据、地址、控制等数字逻辑地都是数字地。应用时应注意合理布线，两种地线在基准电源处共地比较恰当。

DAC0832 是电流输出型，即它本身输出的模拟量是电流，应用时需外接运算放大器使之成为电压型输出。

### 2. 集成 D/A 转换芯片 DAC0832 的三种工作方式

DAC0832 的特点是，它具有两个输入寄存器（所谓寄存器，即具有在时钟有效边沿的作用下暂时存放数据和取出数据的功能）。输入的 8 位数据量首先存入输入寄存器，而输出的模拟量是由 DAC 寄存器中的数据决定。当把数据从输入寄存器转入 DAC 寄存器后，输入寄存器就可以接受新的数据而不会影响模拟量的输出。集成 DAC0832 共有三种工作方式，如图 6-6 所示。

1）双缓冲工作方式

双缓冲工作方式接法如图 6-6（a）所示。这种工作方式是通过控制信号将输入数据锁存于输入寄存器中，当需要 D/A 转换时，再将输入寄存器的数据转入 DAC 寄存器中，并进行 D/A 转换。对于多路 D/A 转换接口，要求并行输出时，必须采用双缓冲同步工作方式。

采用双缓冲工作方式的优点是：可以消除在输入数据更新时，输出模拟量的不稳定现象；可以在模拟量输出的同时，就将下一次要转换的数据输入到输入寄存器中，提高了转换速度；用这种工作方式可同时更新多个 D/A 转换输出，这样在多个 D/A 转换器件系统中，多处理系统中的 D/A 转换协调一致的工作带来了方便。

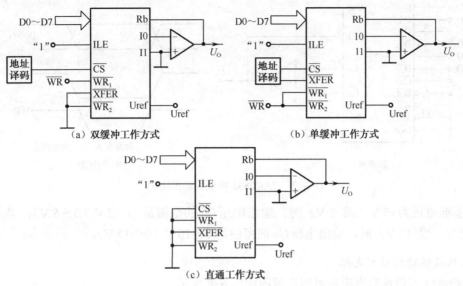

图 6-6 DAC0832 的三种工作方式

2）单缓冲工作方式

单缓冲工作方式接法如图 6-6（b）所示。这种工作方式是：在 DAC 两个寄存器中有一个是常通状态，或者使两个寄存器同时选通及锁存。

3）直通工作方式

直通工作方式接法如图 6-6（c）所示。这种工作方式是使两个寄存器一直处于选通状态，寄存器的输出跟随输入数据的变化而变化，输出模拟量也随输入数据同时变化。

### 3. 集成 D/A 转换芯片 DAC0832 的应用

由于 DAC0832 输出是电流型，所以必须采用运放将模拟电流转换为模拟电压。输出有单极性输出和双极性输出两种形式。

1）单极性输出应用电路

如图 6-7（a）所示是 DAC0832 用于一路时单极性输出的原理电路。由于 $\overline{WR_2}$、$\overline{XFER}$ 同时接地，芯片内的两个寄存器直接接通，数据 $D_7 \sim D_0$ 可直接输入到 DAC 寄存器。由于 $I_{LE}$ 恒为高电平，输入由 $\overline{CS}$ 和 $\overline{WR_1}$ 控制，且其间要满足确定的时序关系，在 $\overline{CS}$ 置低之后，再将 $\overline{WR_1}$ 置低，将输入数据写入 DAC，其时序如图 6-7（b）所示。

DAC0832 单极性输出时，输出模拟量和输入数字量之间的关系为 $Uo = \pm U_{REF} \left( \dfrac{D_n}{256} \right)$

式中 $D_n = \sum\limits_{i=0}^{n-1} 2^n$。

数字电子技术实践

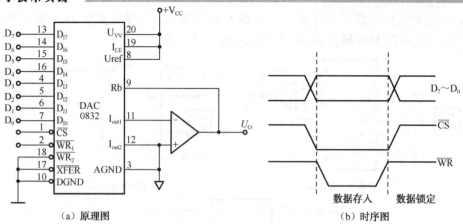

(a) 原理图　　　　　　　　　　　　　　(b) 时序图

图 6-7　DAC0832 单极性输出电路

当基准电压为+5 V（或-5 V）时，输出电压 $U_O$ 的范围是 0～5 V（0～5 V）；当基准电压为+15 V（或-15 V）时，输出电压 $U_O$ 的范围是 0～15 V（0～15 V）。

2）双极性输出应用电路

DAC0832 双极性输出应用电路原理图如图 6-8 所示。

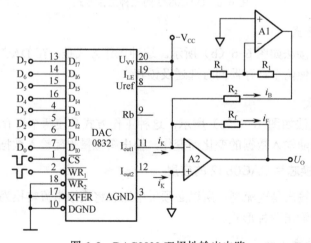

图 6-8　DAC0832 双极性输出电路

前述 DAC 转换器是不带符号的数字，若要求将带有符号的数字转换为相应的模拟量则应有正、负极性输出。在二进制算术运算中，通常将带符号的数字用二进制的补码表示，因此希望 DAC 将输入的正、负补码分别转换成具有正、负极性的模拟电压。

输出模拟电压的大小计算如下：

$$Uo = -\frac{U_{REF} R_f}{2^8 R} \cdot D_8$$

式中　$D_8$——补码，当最高位为 0 表示正数，直接代入计算即可。当最高位为 1 表示负数，后面各位按位取反最低位加 1，才为数值大小，代入上式才能得到转换结果。

## 6.2 模数转换器（ADC）

### 6.2.1 A/D 转换原理

A/D 转换是将时间和数值上连续变化的模拟量转换成时间上离散且数值大小变化也是离散的数字量。

A/D 转换就是在一系列的瞬间对输入的模拟量进行采样，然后把这些采样的值变成数字量输出。一系列瞬间进行取样的过程称为"采样"；将采样的信号转换成数字量的过程称为"量化"；将量化结果用编码形式表示的过程，称为"编码"；这些代码就是 A/D 转换的输出量。由于量化和编码都需要一定的时间，所以在采样之后，必须保持一定的时间，这个过程称为"保持"。所以 A/D 转换都是经过采样、保持、量化、编码这四个过程完成的。

#### 1. 采样与保持

采样是在一系列选定的瞬间抽取模拟信号 $U_I(t)$ 的值作为样品的过程，将时间上连续变化的模拟信号转换成时间上离散的采样信号 $U_O(t)$。如图 6-9 所示为 A/D 转换的采样工作过程。

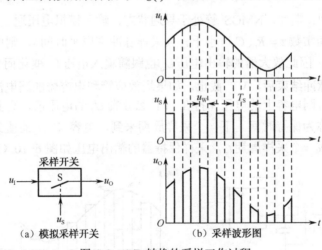

图 6-9　A/D 转换的采样工作过程

由图 6-9 可知，图（a）表示模拟采样开关，图（b）表示模拟信号 $U_I(t)$ 在采样信号 $U_S(t)$ 的作用下得到采样信号 $U_O(t)$ 的过程。

在图 6-9 中，如果采样频率太低，其输出信号就不能严格保留输入信号的信息，但如果采样频率太高，其转换的输出与输入波形能做到较好的一致，但是输出的脉冲数也会较多，这又是不希望的。那么取样的频率如何如何确定呢？为了保证采样信号 $U_O(t)$ 能准确无误地表示模拟信号 $U_I(t)$，对于一个频率有限的模拟信号，可以由采样定理确定采样频率，即

$$f_s \geq 2f_{i\max}$$

式中　$f_s$——采样频率；

　　　$f_{i\max}$——输入模拟信号频率的上限值。

实际使用时一般取原始信号频率的 2.5～3.0 倍。表 6-1 给出了常用的几种情况的基带信号（即原始信号）频率和采样频率。

表 6-1  常用 A/D 转换的取样频率

| 应用场合 | 基带信号 | 基带信号频率（kHz） | 采样频率（kHz） |
| --- | --- | --- | --- |
| 语音通信 | 语音信号 | 0.3～3.4 | 8.0 |
| 调频广播 | 语音及音乐 | 0.02～10.0 | 22.0 |
| CD 音乐 | 音乐和语音 | 0.02～20.0 | 44.1 |
| 高保真音响 | 音乐信号 | 0.02~20.0 | 48.0 |

对于采样信号进行数字化处理需要一定的时间，而采样信号的宽度很小，量化装置来不及处理，因此，为了进行数字化处理，每个采样信号要保持一个周期，直到下一次采样为止。

通常采样和保持利用采样保持器一次完成。采样保持电路如图 6-10 所示，运算放大器构成的射级跟随器，利用其阻抗变换特性构成隔离级用。NMOS 管 VT 作为取样开关，C 为存储电容。

在采样持续时间 $t_0$ 期间，NMOS 管处于导通状态，输入模拟电压通过 VT 向电容 C 充电。当电路充电时间常数 $\tau = R_{ON}C$ 远小于 $t_0$（采样脉冲高电平时间），则电容器上电压跟随输入电压 $U_I$ 的变化，因此放大器的输出电压 $U_o$ 也跟随输入电压 $U_I$ 变化而变化。$t_0$ 时间称为采样时间。当采样脉冲结束后，VT 截止，如果场效应管和电容器的漏电流极运算放大器的输入电流均可忽略，则电容上的电压保持在 VT 截止前 $U_I$ 的电压值，直到下一个采样脉冲来到，这段时间 $t_H$ 称为保持时间。下一个采样周期来到，电容 C 上的值又跳回到输入电压 $U_I$ 的值。$t_0$ 和 $t_H$ 构成一个采样周期 $t_s$，采样保持器的输出电压如图 6-10（b）所示。

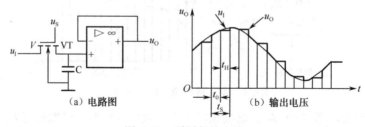

图 6-10  采样保持电路

## 2. 量化和编码

采样和保持后的信号仍然是时间上离散的模拟信号，它的取样信号的取值是任意的，而数字信号的取值是有限的或离散的。例如，用 3 位二进制数来表示，则只有 8 种状态，也就是只有 000～111 共 8 个离散的取值。因此要实现幅度的离散化，就要用具体的数字量来近似地表示对应的模拟值。任意一个数字量的大小都是以某个最小数量单位的整数倍来表示的，这个最小的数量单位称为量化单位，用 $\Delta$ 表示，采样信号和量化单位比较而转换为量化单位整数倍的过程称为量化。量化一般有两种方法。

1）舍尾取整法

取最小量化单位为

$$\Delta = \frac{U_m}{2^n}$$

式中 $U_m$——模拟信号电压的最大值；$n$——数字代码的位数。

当输入信号的幅值在 $0\sim\Delta$ 时，量化的结果取 0；如果输入信号的幅值在 $\Delta\sim 2\Delta$ 之间，则量化结果取 $\Delta$；以此类推，这种量化方法是只舍不入，其量化误差 $\delta<\Delta$。

2）四舍五入法

四舍五入法是以量化级的中间值作为基准的量化方法，取 $\Delta = \dfrac{2U_m}{2^{n+1}-1}$。当输入信号的幅值在 $0\sim\dfrac{\Delta}{2}$ 时，量化结果的取值为 0；当输入信号的幅值在 $\dfrac{\Delta}{2}\sim\dfrac{3}{2}\Delta$ 之间时，量化取值为 $\Delta$；以次类推，这种量化的结果是有舍有入，其量化误差 $\delta<\dfrac{\Delta}{2}$。为减小量化误差考虑，选择四舍五入法为好。

$0\sim 1\,\text{V}$ 模拟信号转换为 3 位二进制代码，划分量化电平的两种方法如图 6-11 所示。

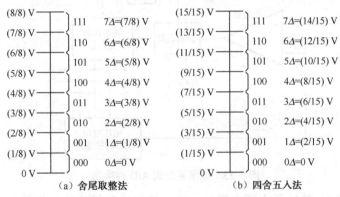

图 6-11 划分量化电平的两种方法

用数字代码表示量化结果的过程，就是编码。这些代码就是 A/D 转换的输出结果，编码的过程不会产生误差。

### 6.2.2 A/D 转换器的常用类型

根据 A/D 转换器的原理可以可将 A/D 转换器分为两大类：一类是直接转换型 A/D 转换器，另一类是间接型 A/D 转换器。在直接型 A/D 转换器中，输入的模拟电压被直接转换成数字代码，不经任何中间变量。而在间接型 A/D 转换器中，首先把输入的模拟电压转换成某种中间变量（时间、频率、脉冲宽度等），然后再将这些中间变量转换为数字代码输出。

A/D 转换器的类型很多，A/D 转换器的分类如图 6-12 所示。尽管 A/D 转换器的类型很多，但目前应用较广泛的主要有三种类型，逐次逼近式 A/D 转换器、双积分型 A/D 转换器和电压频率变换型 A/D 转换器。下面简单介绍前两种 A/D 转换器的基本原理。

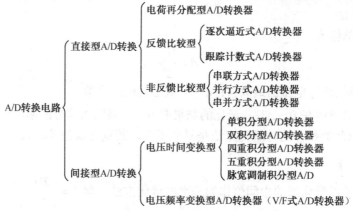

图 6-12  A/D 转换器分类

### 1. 逐次逼近式 A/D 转换器

如图 6-13 所示为逐次逼近式 A/D 转换器的电路原理图。从图中可以看出逐次逼近式 A/D 转换器由比较器、控制逻辑、逐次比较寄存器、电压输出 D/A 转换电路等几个部分组成。

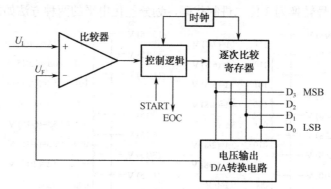

图 6-13  逐渐逼近式 A/D 转换器

逐渐逼近式 A/D 转换器主要原理是：将一待转换的模拟输入信号 $U_I$ 与一个推测信号 $U_F$ 相比较，根据推测信号大于还是小于输入信号来确定增大还是减少该推测信号，以便向输入模拟信号逼近。推测信号由 D/A 转换器的输出获得，当推测信号与输入模拟信号相等时，向 D/A 转换器输入的数值就是对应模拟输入信号的数字量。

逐次逼近式 A/D 转换器电路工作原理与天平称物体的质量相似，其工作波形图如图 6-14 所示。下面我们举例说明它的工作过程。

开始时，首先对逐次比较寄存器清零，这时，加在 D/A 转换电路上的输入数字量为 0，D/A 转换电路的输出为 0。

第一个时钟上升沿到来时，逐次比较寄存器将输入数码的最高位 $D_3$ 置为 1，则输入到 D/A 转换器输入的数码为 1000，D/A 转换电路输出一个对应于 1000 的模拟电压值。这个电压 $U_F$ 加在比较器的反相输入端，它与加在比较器同相输入端的输入模拟电压 $U_I$ 比较，由图 6-13 可以看出：D/A 输出的电压小于输入电

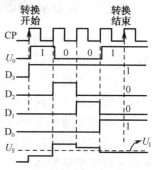

图 6-14  逐渐逼近式 A/D 转换器工作波形图

压，这时比较器的输出为高电平。

第二个时钟信号上升沿到来时，控制器控制逐次比较寄存器完成两项工作：一是检测比较器的输出是否为高电平，如果为高电平，则 $D_3$ 的状态保持高电平，否则回到 0。二是将次高位的 $D_2$ 置为 1。这时送入到 D/A 转换器的数字量为 1100。此时 D/A 转换器输出 $U_F$ 与输入模拟信号 $U_1$ 比较。从图 6-13 看出：D/A 输出的电压大于输入电压，这时比较器的输出为低电平。

第三个时钟上升沿到来时，控制器仍然控制逐次比较寄存器同样完成两项工作。从图 6-13 可以看出，这时比较器输出为低电平，则将 $D_2$ 状态回到 0，将 $D_1$ 置为 1，这时输入到 D/A 转换器的数字量为 1010，其转换后的模拟电压 $U_F$ 仍然高于 $U_1$，则比较器的输出为 0。

第四个时钟上升沿到来时，其工作过程如上第一时钟上升沿到来时的工作过程。

第五个时钟上升沿到来时，仅判断比较器的输出是高电平还是低电平，图中为高电平，则 $D_0$ 保持为 1，本例中，由于 A/D 转换器的输出仅为 4 根地址线，故这是最后一步，$D_4D_3D_2D_1$ 的输出就是 A/D 转换器转换的结果。

通过上述分析可以看出：逐次逼近式 A/D 转换电路的速度较慢，转换时间 $t$ 与 A/D 转换的位数 $N$ 和时钟周期有如下的关系：

$$t = (N+1)T$$

逐次逼近式 A/D 转换电路由于结构简单，因此得到广泛应用。一般用于中速的 A/D 转换场合。

### 2. 双积分型 A/D 转换器

如图 6-15 所示为双积分型 A/D 转换器的电原理图，由积分电路、比较器、控制逻辑、计数器等组成。

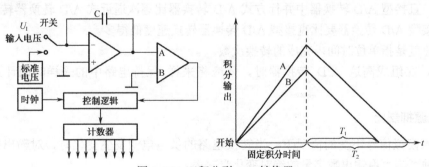

图 6-15 双积分型 A/D 转换器

双积分型 A/D 转换器原理如下：电路先对未知的输入模拟电压 $U_1$ 进行固定时间的积分，然后转为对标准电压反向积分，直至积分输出返回起始值，则标准电压积分的时间 $T_2$ 正比于模拟输入电压 $U_1$。输入电压大，则反向积分时间长。

用高频率标准时钟脉冲来测量时间 $T_2$，即可得到相应模拟电压的数字量。

### 6.2.3 A/D 转换器的主要参数

#### 1. A/D 转换器的转换精度

在 A/D 转换电路中，也是用分辨率和转换误差来表示转换精度。

### 1) 分辨率

A/D 转换器的分辨率是指当输出数字量的最低位变化一个单位时，输入模拟量的必须变化量（也可用 LSB 来表示），即

$$\text{分辨率} = \frac{\text{模拟输入量满度值}}{2^n - 1}$$

式中　$n$——转换器的位数。

例如，8 位 A/D 转换器输入模拟电压的变化范围是 0～5 V，则其分辨率为 19.6 mV。分辨率也常用 A/D 转换器输出的二进制或十进制的位数来表示。

### 2) 转换误差

转换误差表示转换器输出的数字量和理想输出数字量之间的差别，并用最低有效位的倍数来表示。转换误差由系统中的量化误差和其他误差之和来确定。量化误差通常为 $\pm\frac{\text{LSB}}{2}$，其他误差包括基准电压不稳或设定不精确、比较器工作不够理想所带来的误差。

A/D 转换器的位数应满足所要求的转换误差。例如，A/D 转换器的模拟输入电压的范围是 0～5 V，要求其转换误差为 0.05%，则其允许最大误差为 2.5 mV，在此条件下，如果系统不考虑其他误差，则选用 12 位的 A/D 转换芯片就能满足要求。如果考虑到系统还有其他的误差，则应相应地增加 A/D 转换的位数，才能使转换误差不会超出所要求的范围。

## 2. A/D 转换器的转换速度

A/D 转换器的转换速度应用 A/D 转换器的转换时间和转换频率来表示。

转换时间是指完成一次转换所需要的时间，即从接到转换控制信号开始到得到稳定的数字量的输出为止所需要的时间。A/D 转换器的转换速度主要取决于 A/D 转换器的转换类型。例如，直接型 A/D 转换器中并行方式 A/D 转换器比逐次逼近式 A/D 转换器转换速度快得多，间接型 A/D 转换器要比直接型 A/D 转换器转换速度低得多。

转换速度是指单位时间内完成的转换次数。

此外，在组成高速 A/D 转换器时，还应将采样-保持电路中的采样时间计入转换时间内。

## 3. 电源抑制比

在输入模拟信号不变的情况下，当转换电路的供电电源发生变化时，对输出也会产生影响。这种影响可用输出数字量的绝对变化量来表示。

此外，还有功率消耗、稳定系数、输入模拟电压范围以及输出数字信号的逻辑电平等技术指标。

## 6.2.4　集成 A/D 转换器的功能与使用

### 1. 集成 A/D 转换器 ADC0809 的引脚功能

ADC0809 八位逐次逼近型 A/D 转换器是一种单片 CMOS 器件，它内部包含 8 位的数模转换器，8 通道多路转换器和与微处理器兼容的控制逻辑。8 通道多路转换器直接连接 8 个单端模拟信号中的任意一个。如图 6-16 所示为 ADC0809 的引脚图。

项目6 A/D 与 D/A 转换器功能测试

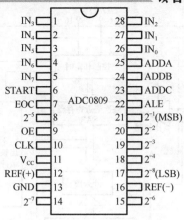

图 6-16 ADC0809 引脚图

ADC0809 各引脚功能介绍如下。

$IN_0 \sim IN_7$：八路输入通道的模拟量输入端口。

$2^{-1} \sim 2^{-8}$：八位数字量输出端口。

START, ALE：START 为启动控制输入端口，ALE 为地址锁存控制信号端口。这两个信号连接在一起，当给一个正脉冲时，便立刻启动模数转换。

EOC, OE：EOC 为转换结束信号脉冲输出端口，OE 为输出允许控制端口。这两个信号也可连接在一起，表示转换结束。OE 端的电平由低变高，打开三态输出锁存器，将转换结果的数字量输出到数据总线上。

REF(+), REF(−), Vcc, GND：REF(+), REF(−)为参考电源输入端，Vcc 为主电源输入端，GND 为接地端。一般 REF(+)与 Vcc 连接在一起，REF(−)和 GND 连接在一起。

CLK：时钟输入端。

ADDA, ADDB, ADDC：八路模拟开关三位地址选通输入端，以选择对应的输入通道，其对应关系参见表 6-2。

表 6-2 地址码与输入通道对应关系

| 地址码 | | | 对应的输入通道 |
| --- | --- | --- | --- |
| C | B | A | |
| 0 | 0 | 0 | $IN_0$ |
| 0 | 0 | 1 | $IN_1$ |
| 0 | 1 | 0 | $IN_2$ |
| 0 | 1 | 1 | $IN_3$ |
| 1 | 0 | 0 | $IN_4$ |
| 1 | 0 | 1 | $IN_5$ |
| 1 | 1 | 0 | $IN_6$ |
| 1 | 1 | 1 | $IN_7$ |

如图 6-17 所示为 ADC0809 的内部结构图。

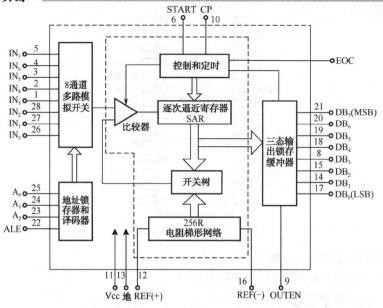

图 6-17　ADC0809 内部框图

ADC0809 常常用于单片机的外围芯片，将需要送入单片机的 0～5 V 的模拟电压转换成 8 位数字信号，送入单片机处理。它和单片机的接口通常有三种方式：查询方式、中断方式和等待延时方式。这里不再赘述，具体应用可查阅相关资料，图 6-18 所示为 ADC0809 工作时序图。

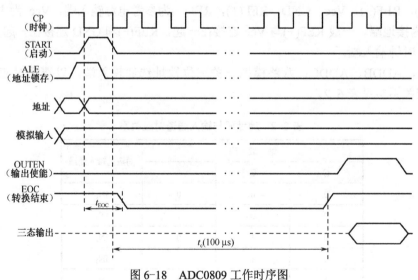

图 6-18　ADC0809 工作时序图

## 2. CC14433 $3\frac{1}{2}$ 双积分 A/D 转换器

1）CC14433 引脚分布及引脚功能

CC14433 $3\frac{1}{2}$ 双积分 A/D 转换器，是 CMOS 工艺制造，它将数字电路和模拟电路集成在一个芯片中，芯片有24只引脚，采用双列直插式，其引脚排列如图6-19所示。

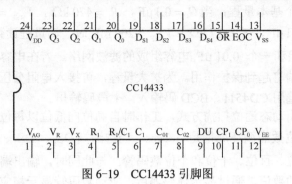

图6-19　CC14433引脚图

引脚功能说明如下。

$V_{AG}$（1脚）：被测电压$V_X$和基准电压$V_R$的参考地。

$V_R$（2脚）：外接基准电压（2 V或200 mV）输入端。

$V_X$（3脚）：被测电压输入端。

$R_1$（4脚）、$R_1/C_1$（5脚）、$C_1$（6脚）：外接积分阻容元件端。
$C_1=0.1$ μF（聚酯薄膜电容器），$R_1=470$ kΩ（2 V量程）；$R_1=27$ kΩ（200 mV量程）。

$C_{01}$（7脚）、$C_{02}$（8脚）：外接失调补偿电容端，典型值0.1 μF。

DU（9脚）：实时显示控制输入端。若与EOC（14脚）端连接，则每次A/D转换均显示。

$CP_1$（10脚）、$CP_0$（11脚）：时钟振荡外接电阻端，典型值为470 kΩ。

$V_{EE}$（12脚）：电路的电源负端，接-5 V。

$V_{SS}$（13脚）：除CP外所有输入端的低电平基准（通常与1脚连接）。

EOC（14脚）：转换周期结束标记输出端，每一次A/D转换周期结束，EOC输出一个正脉冲，宽度为时钟周期的$\frac{1}{2}$。

$\overline{OR}$（15脚）：过量程标志输出端，当$|V_X|>V_R$时，$\overline{OR}$输出为低电平。

$DS_4 \sim DS_1$（16～19脚）：多路选通脉冲输入端，$DS_1$对应于千位，$DS_2$对应于百位，$DS_3$对应于十位，$DS_4$对应于个位。

$Q_0 \sim Q_3$（20～23脚）：BCD码数据输出端，$DS_2$、$DS_3$、$DS_4$选通脉冲期间，输出三位完整的十进制数，在$DS_1$选通脉冲期间，输出千位0或1及过量程、欠量程和被测电压极性标志信号。

$V_{DD}$（24脚）：电路的电源正端，接+5 V。

CC14433具有自动调零，自动极性转换等功能。可测量正或负的电压值。当$CP_1$、$CP_0$端接入470 kΩ电阻时，时钟频率≈66 kHz，每秒钟可进行4次A/D转换。它的使用调试简便，能与微处理机或其他数字系统兼容，广泛用于数字面板表、数字万用表、数字温度计、数字量具及遥测、遥控系统。

2）CC14433功能和使用说明

（1）电路内部具有自动调零和自动极性转换功能，可以测量输入为正或负的电压值。

（2）当$CP_1$、$CP_0$接入$R_c=470$ kΩ时，时钟频率约等于66 kHz，每秒钟可进行4次

A/D 转换。

（3）此芯片有两个基本量程：当 $C_1=0.1\,\mu\text{F}$，$R_1=470\,\text{k}\Omega$，$V_{\text{REF}}=2\,\text{V}$ 时，满量程读数为 1.999 V；当 $C_1=0.1\,\mu\text{F}$，$R_1=27\,\text{k}\Omega$，$V_{\text{REF}}=200\,\text{mV}$ 时，满量程读数为 199.9 mV。输入端接入一个 1 MΩ 电阻和一个 0.01 μF 电容组成的滤波网络。若在电容器两端并接两只正、反向二极管，对输入端将起到保护作用。为扩大量程，可接入电阻分压网络。

（4）显示译码器选用 CD4511。BCD 码输入，七段码输出。

（5）数字显示采用动态逐位扫描方式，工作时自高位向低位以每位每次约 300 μs 的速率循环显示，即一个四位数的循环周期是 1.2 ms。当选通端 $DS_1$、$DS_2$、$DS_3$ 和 $DS_4$ 依次被置 1 时，相应地选通千位、百位、十位和个位数码管。与此同时，输出端 $Q_3Q_2Q_1Q_0$ 与选通端同步，依次输出相应的数值，通过显示译码器后，驱动数码管显示相应的数值。

（6）$3\frac{1}{2}$ 数字电压表使用 4 位数码管显示读数，为满足动态扫描、逐位显示要求，各数码管同名笔画端应和相应的译码显示输出端连接在一起。但其中最高位数码管要求仅 b、c 两笔画接入电路，使它满足显示 1 和 0（灭 0）的功能。

（7）CC14433 的最高位不是通常的 BCD 码，而是输出最高位真值表参见表 6-3。

表 6-3　最高位真值表

| 最高位编码条件 | $Q_3$ | $Q_2$ | $Q_1$ | $Q_0$ | 七端显示器指示 |
|---|---|---|---|---|---|
| +0 | 1 | 1 | 1 | 0 | 灭灯、不显示 |
| −0 | 1 | 0 | 1 | 0 | |
| +0 欠量程 | 1 | 1 | 1 | 1 | |
| −0 欠量程 | 1 | 0 | 1 | 1 | |
| +1 | 0 | 1 | 0 | 0 | 4→1 |
| −1 | 0 | 0 | 0 | 0 | 0→1　最高位显示器仅接入 b、c 两笔画 |
| +1 溢出 | 0 | 1 | 1 | 1 | 7→1 |
| −1 溢出 | 0 | 0 | 1 | 1 | 3→1 |

由表 6-3 可知：

① 当最高位为 0 时，输出 $Q_3Q_2Q_1Q_0$ 均超过了 1001，通过 CD4511 译码后使数码管灯灭。当最高位为 1 时，由于只接入了 b、c 两笔画，从而数码管只显示 1。

② $Q_2$ 可以作为被测电压的极性指示信号。当被测信号为"＋"时，$Q_2=1$，当被测信号为"−"时，$Q_2=0$。用它来驱动最高位数码管的 g 笔画位。

③ 从 $Q_3Q_0$ 两位输出中，可以看出是欠压还是过压。所谓欠压，是指输入电压小于满量程 9%，当转换结果小于 0180 时，是欠压量程状态，这时 $Q_3=1$，$Q_0=1$（$Q_3Q_0=1$），表明电压表已欠压，说明电压表可以减小一个量程，小数点向左移一位，以增加有效读数位。当转换结果大于 1999 时（已溢出），则 $Q_3=0$，$Q_0=1$（$\overline{Q_3}Q_0=1$），表明电压表处于超量程状态。要求电压表增大一挡量程，小数点向右移一位，使电压表能正常读数。把上述信号用来控制电压表量程切换电路，可达到量程自动变换的目的。

项目6 A/D 与 D/A 转换器功能测试

## 任务 6-1 集成 D/A 转换芯片 DAC0832 功能测试

### 1. 任务要求

按测试步骤要求完成集成 D/A 转换芯片 DAC0832 的所有测试内容，将测试数据填入表 6-4 中。

表 6-4 DAC0832 功能测试

| 输入数字量 | | | | | | | | 输出模拟量 | |
|---|---|---|---|---|---|---|---|---|---|
| $D_7$ | $D_6$ | $D_5$ | $D_4$ | $D_3$ | $D_2$ | $D_1$ | $D_0$ | $V_{CC}$=5 V | $V_{CC}$=15 V |
| 0 | 0 | 0 | 0 | 0 | 0 | 0 | 0 | | |
| 0 | 0 | 0 | 0 | 0 | 0 | 0 | 1 | | |
| 0 | 0 | 0 | 0 | 0 | 0 | 1 | 0 | | |
| 0 | 0 | 0 | 0 | 0 | 1 | 0 | 0 | | |
| 0 | 0 | 0 | 0 | 1 | 0 | 0 | 0 | | |
| 0 | 0 | 0 | 1 | 0 | 0 | 0 | 0 | | |
| 0 | 0 | 1 | 0 | 0 | 0 | 0 | 0 | | |
| 0 | 1 | 0 | 0 | 0 | 0 | 0 | 0 | | |
| 1 | 0 | 0 | 0 | 0 | 0 | 0 | 0 | | |
| 1 | 1 | 1 | 1 | 1 | 1 | 1 | 1 | | |

### 2. 测试设备与器件

数字电路综合测试仪 1 台
直流稳压电源 1 台
数字万用表 1 只

### 3. 测试电路

测试电路如图 6-20 所示，图中所用器件为 D/A 转换芯片 DAC0832、运算放大器 μA741、二极管 2CK13、10 kΩ电位器、15 kΩ电位器、50 kΩ电位器。

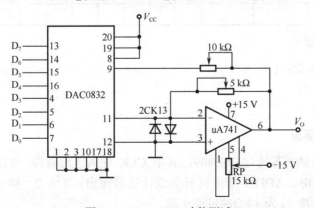

图 6-20 DAC0832 功能测试

### 4．测试步骤与要求

（1）按图 6-20 接好测试电路，检查接线无误后，打开电源开关。

（2）令 $D_0 \sim D_7$ 全为 0，调节放大器中的电位器，使得输出为 0。

（3）按表 6-4 中所列数字信号，测量放大器的输出电压，记录在表中。

结论：DAC0832 可以将输入的＿＿＿＿＿（数字量/模拟量）变化为＿＿＿＿＿（数字量/模拟量）。当输入的数字量 $D_7D_6D_5D_4D_3D_2D_1D_0$ = 00000000 时，输出模拟量电压的值为＿＿＿＿＿ V。当输入的数字量 $D_7D_6D_5D_4D_3D_2D_1D_0$ = 10000000 时，当 $V_{CC}$=5 V 时，输出模拟量电压值为＿＿＿＿＿ V；当 $V_{CC}$=15 V 时，输出模拟量电压值为＿＿＿＿＿ V。当输入的数字量 $D_7D_6D_5D_4D_3D_2D_1D_0$ = 11111111 时，当 $V_{CC}$=5 V 时，输出模拟量电压值为＿＿＿＿＿ V；当 $V_{CC}$=15 V 时，输出模拟量电压值为＿＿＿＿＿ V。从以上测试可以看出输出模拟量的值与基准电压 $V_{REF}$ 的值有直接的关系。

## 任务 6-2　集成 A/D 转换芯片 ADC0809 功能测试

### 1．任务要求

按测试步骤要求完成集成 A/D 转换芯片的所有测试内容，将测试数据填入表 6-5 中。

表 6-5　ADC0809 功能测试

| 输入电压 | 输出数字量 | | | | | | | | 计算值 | | | | | | | |
|---|---|---|---|---|---|---|---|---|---|---|---|---|---|---|---|---|
| $U_i$(V) | D7 | D6 | D5 | D4 | D3 | D2 | D1 | D0 | D7 | D6 | D5 | D4 | D3 | D2 | D1 | D0 |
| 5 | | | | | | | | | | | | | | | | |
| 4 | | | | | | | | | | | | | | | | |
| 3 | | | | | | | | | | | | | | | | |
| 2 | | | | | | | | | | | | | | | | |
| 1 | | | | | | | | | | | | | | | | |
| 0.5 | | | | | | | | | | | | | | | | |
| 0.2 | | | | | | | | | | | | | | | | |
| 0 | | | | | | | | | | | | | | | | |

### 2．测试设备与器件

数字电路综合测试仪 1 台
直流稳压电源 1 台
数字万用表 1 只

### 3．测试步骤与要求

（1）在实验箱上插入芯片 ADC0809，其中 CLK 输入连续脉冲，START、ALE 接单次脉冲，ADDA、ADDB、ADDC 接逻辑开关或计数器输出，$2^{-1} \sim 2^{-8}$ 接 8 只发光二极管，$IN_0 \sim IN_7$ 可分别对地接 $R_P$ 为 1 kΩ 的可调电阻。

（2）置逻辑开关为 000，$U_i$ 从 $IN_0$ 接入，调节 $R_P$，并用万用表分别测得 $U_i$ 为 5 V、

4 V、3 V、2 V、1 V、0.5 V、0.2 V、0 V 时，按下单次脉冲，分别观察 8 只发光二极管的状态，记录在表 6-5 中，并将测量值与理论值进行比较。

（3）改变逻辑开关值为 001，将 $U_i$ 从 $IN_0$ 改接到 $IN_1$，再进行上述操作。

（4）按照步骤（2），可分别对其余的 6 路输入模拟量进行测试。

（5）将 ADDA、ADDB、ADDC 三位地址码接至计数器的输出（计数器可用 74LS161 或 74LS390），再分别置 $IN_0 \sim IN_7$ 为 5 V、4 V、3 V、2 V、1 V、0.5 V、0.2 V、0 V，按动单次脉冲，观察发光二极管的状态并记录。

## 知识梳理与总结

本项目主要介绍了数模转换器和模数转换器的原理及其应用。

数模转换电路是将 $N$ 位的数字量 D 转换成与 $N$ 位数字量 D 相对应的模拟信号 A 输出（模拟电流或模拟电压）。主要介绍了倒 T 电阻网络型 D/A 转换器的电路结构。D/A 转换器的性能指标包括转换精度、分辨率、转换误差、转换速度、电源抑制比等。

模数转换电路是将时间和数值上连续变化的模拟量转换成时间上离散且数值大小变化也是离散的数字量。主要包括采样、保持、量化和编码四个步骤。主要分为逐次逼近式 A/D 转换器、双积分型 A/D 转换器和 V/F 式 A/D 转换器等常见类型。A/D 转换器的主要参数包括转换精度、转换速度、电源抑制比等。

最后通过 DAC0832、ADC0809 芯片的测试，加强对数模和模数转换电路的理解。

## 练习题 6

### 一、选择题

6.1 一个无符号 8 位数字量输入的 DAC，其分辨率为____位。
A. 1　　　　B. 3　　　　C. 4　　　　D. 8

6.2 一个无符号 10 位数字输入的 DAC，其输出电平的级数为____。
A. 4　　　　B. 10　　　　C. 1024　　　　D. 210

6.3 一个无符号 4 位权电阻 DAC，最低位处的电阻为 40 kΩ，则最高位处电阻为____。
A. 4 kΩ　　　　B. 5 kΩ　　　　C. 10 kΩ　　　　D. 20 kΩ

6.4 4 位倒 T 型电阻网络 DAC 的电阻网络的电阻取值有____种。
A. 1　　　　B. 2　　　　C. 4　　　　D. 8

6.5 为使采样输出信号不失真地代表输入模拟信号，采样频率 $f_s$ 和输入模拟信号的最高频率 $f_{Imax}$ 的关系是____。
A. $f_s \geq f_{Imax}$　　B. $f_s \leq f_{Imax}$　　C. $f_s \geq 2f_{Imax}$　　D. $f_s \leq 2f_{Imax}$

6.6 将一个时间上连续变化的模拟量转换为时间上断续（离散）的模拟量的过程称为____。
A. 采样　　　　B. 量化　　　　C. 保持　　　　D. 编码

6.7 用二进制码表示指定离散电平的过程称为____。

A. 采样 　　　B. 量化 　　　C. 保持 　　　D. 编码

6.8 将幅值上、时间上离散的阶梯电平统一归并到最邻近的指定电平的过程称为____。

A. 采样 　　　B. 量化 　　　C. 保持 　　　D. 编码

6.9 若某 ADC 取量化单位 $\Delta = \frac{1}{8}V_{REF}$，并规定对于输入电压 $u_I$，在 $0 \leq u_I < \frac{1}{8}V_{REF}$ 时，认为输入的模拟电压为 0 V，输出的二进制数为 000，则 $\frac{5}{8}V_{REF} \leq u_I < \frac{6}{8}V_{REF}$ 时，输出的二进制数____。

A. 001 　　　B. 101 　　　C. 110 　　　D. 111

6.10 以下四种转换器中，____是 A/D 转换器且转换速度最高。

A. 并联比较型 　　　　　　　　B. 逐次逼近型
C. 双积分型 　　　　　　　　　D. 施密特触发器

## 二、判断题

6.11 权电阻网络 D/A 转换器的电路简单且便于集成工艺制造，因此被广泛使用。
(　　)

6.12 D/A 转换器的最大输出电压的绝对值可达到基准电压 $V_{REF}$。
(　　)

6.13 D/A 转换器的位数越多，能够分辨的最小输出电压变化量就越小。
(　　)

6.14 D/A 转换器的位数越多，转换精度越高。
(　　)

6.15 A/D 转换器的二进制数的位数越多，量化单位$\Delta$越小。
(　　)

6.16 A/D 转换过程中，必然会出现量化误差。
(　　)

6.17 A/D 转换器的二进制数的位数越多，量化级分得越多，量化误差就可以减小到 0。
(　　)

6.18 一个 N 位逐次逼近型 A/D 转换器完成一次转换要进行 N 次比较，需要 N+2 个时钟脉冲。
(　　)

6.19 双积分型 A/D 转换器的转换精度高、抗干扰能力强，因此常用于数字式仪表中。
(　　)

6.20 采样定理的规定，是为了能不失真地恢复原模拟信号，而又不使电路过于复杂。
(　　)

# 附录A 数字电路器件型号命名方法

## 1．数字集成电路型号的组成及符号意义

数字集成电路的型号组成一般由前缀、编号、后缀三大部分组成。其中，前缀代表制造厂商；编号包括产品系列号、器件系列号；后缀一般表示温度等级、封装形式等。如表A-1所示为TTL74系列数字集成电路型号的组成及符号意义。

表A-1 TTL74系列数字集成电路型号的组成及符号意义

| 第1部分 | 第2部分 | | | | 第3部分 | | | |
|---|---|---|---|---|---|---|---|---|
| | 编号 | | | | 后缀 | | | |
| 前缀 | 产品系列 | | 器件系列 | | 温度等效 | | 封装形式等 | |
| | 符号 | 意义 | 符号 | 意义 | 符号 | 意义 | 符号 | 意义 |
| 制造厂商 | 54 | 军用电路 | | 标准电路 | 阿拉伯数字 | 器件功能 | W | 陶瓷扁平 |
| | | | H | 高速电路 | | | B | 塑封扁平 |
| | | | S | 肖特基电路 | | | F | 全密封扁平 |
| | 74 | 民用通用电路 | LS | 低功耗肖特基电路 | | | D | 陶瓷双列直插 |
| | | | ALS | 先进低功耗肖特基电路 | | | P | 塑封双列直插 |
| | | | AS | 先进肖特基电路 | | | J | 黑陶瓷双列直插 |

## 2．4000系列集成电路的组成及符号意义

4000系列CMOS器件型号的组成及符号意义参见表A-2。

表A-2 4000系列CMOS器件型号的组成及符号意义

| 第1部分 | | 第2部分 | | 第3部分 | | 第4部分 | |
|---|---|---|---|---|---|---|---|
| 型号前缀的意义 | | 产品系列 | | 器件系列 | | 工作温度范围、封装形式等 | |
| | 制造厂商 | 符号 | 意义 | 符号 | 意义 | 符号 | 意义 |
| CD | 美国无线电公司产品 | 40 | 产品系列号 | 阿拉伯数字 | 器件功能 | C | 0 ℃～70 ℃ |
| CC | 中国制造 | | | | | E | -40 ℃～85 ℃ |
| TC | 日本东芝公司产品 | 45 | | | | R | -55 ℃～85 ℃ |
| MC1 | 摩托罗拉公司产品 | | | | | M | -55 ℃～125 ℃ |

**实例A-1** CT74LS00P型号说明。

数字电子技术实践

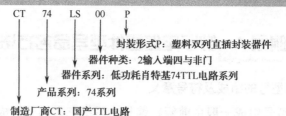

CT74LS00P 为国产的（采用塑料双列直插封装）TTL 四 2 输入与非门。

**实例 A-2**　SN74S195J 型号说明。

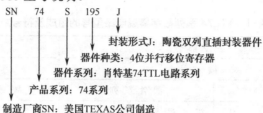

SN74S195J 为美国 TEXAS 公司制造的采用黑陶瓷双列直插封装的 4 位并行移位寄存器。

同一型号的集成电路原理相同，通常又冠以不同的前缀、后缀，前缀代表制造厂商（有部分型号省略了前缀），后缀代表器件工作温度范围、封装形式等。由于制造厂商繁多，加之同一型号又分为不同的等级，因此，同一功能、型号的 IC 其名称的书写形式多样，如 CMOS 双 D 触发器 4013 有以下型号：

- CD4013AD、CD4013AE、CD4013CJ、CD4013CN、CD4013BD、CD4013BE、CD4013BF、CD4013UBD、CD4013UBE、CD4013BCJ、CD4013BCN；
- HFC4013、HFC4013BE、HCF4013BF、HCC4013BD/BF/BK、HEF4013BD/BP、HBC4013AD/AE/AK/AF、SCL4013AD/AE/AC/AF、MB84013/M、MC14013CP/BCP、TC4013BP。

一般情况下，这些型号之间可以彼此互换使用。

# 附录B 数字电路常用器件引脚图

| 74××00 (74LS00) | 74××04 (74LS04) | 74××08 (74LS08) |
|---|---|---|
| 1A-1, 1B-2, 1Y-3, 2A-4, 2B-5, 2Y-6, GND-7, 3Y-8, 3B-9, 3A-10, 4Y-11, 4B-12, 4A-13, $V_{CC}$-14 | 1A-1, 1Y-2, 2A-3, 2Y-4, 3A-5, 3Y-6, GND-7, 4Y-8, 4A-9, 5Y-10, 5A-11, 6Y-12, 6A-13, $V_{CC}$-14 | 1A-1, 1B-2, 1Y-3, 2A-4, 2B-5, 2Y-6, GND-7, 3Y-8, 3B-9, 3A-10, 4Y-11, 4B-12, 4A-13, $V_{CC}$-14 |

| 74××10 (74LS10) | 74××20 (74LS20) | 74××32 (74LS32) |
|---|---|---|
| 1A-1, 1B-2, 2A-3, 2B-4, 2C-5, 2Y-6, GND-7, 3Y-8, 3C-9, 3B-10, 3A-11, 1Y-12, 1C-13, $V_{CC}$-14 | 1A-1, 1B-2, NC-3, 1C-4, 1D-5, 1Y-6, GND-7, 2Y-8, 2D-9, 2C-10, NC-11, 2B-12, 2A-13, $V_{CC}$-14 | 1A-1, 1B-2, 1Y-3, 2A-4, 2B-5, 2Y-6, GND-7, 3Y-8, 3B-9, 3A-10, 4Y-11, 4B-12, 4A-13, $V_{CC}$-14 |

| 74××86 (74LS86) | 74××112 (74LS112) | 74××138 (74LS138) |
|---|---|---|
| 1A-1, 1B-2, 1Y-3, 2A-4, 2B-5, 2Y-6, GND-7, 3Y-8, 3B-9, 3A-10, 4Y-11, 4B-12, 4A-13, $V_{CC}$-14 | $1\overline{CP}$-1, 1K-2, 1J-3, $1\overline{S_D}$-4, 1Q-5, $1\overline{Q}$-6, $2\overline{Q}$-7, GND-8, 2Q-9, $2\overline{S_D}$-10, 2J-11, 2K-12, $2\overline{CP}$-13, $2\overline{R_D}$-14, $1\overline{R_D}$-15, $V_{CC}$-16 | $A_0$-1, $A_1$-2, $A_2$-3, $\overline{ST_B}$-4, $\overline{ST_C}$-5, $ST_A$-6, $\overline{Y_7}$-7, GND-8, $\overline{Y_6}$-9, $\overline{Y_5}$-10, $\overline{Y_4}$-11, $\overline{Y_3}$-12, $\overline{Y_2}$-13, $\overline{Y_1}$-14, $\overline{Y_0}$-15, $V_{CC}$-16 |

| 74××139 (74LS139) | 74××153 (74LS153) | 74××163 (74LS163) |
|---|---|---|
| $1\overline{ST}$-1, $1A_0$-2, $1A_1$-3, $1\overline{Y_0}$-4, $1\overline{Y_1}$-5, $1\overline{Y_2}$-6, $1\overline{Y_3}$-7, GND-8, $2\overline{Y_3}$-9, $2\overline{Y_2}$-10, $2\overline{Y_1}$-11, $2\overline{Y_0}$-12, $2A_1$-13, $2A_0$-14, $2\overline{ST}$-15, $V_{CC}$-16 | $1\overline{ST}$-1, $A_1$-2, $1D_3$-3, $1D_2$-4, $1D_1$-5, $1D_0$-6, 1Y-7, GND-8, 2Y-9, $2D_0$-10, $2D_1$-11, $2D_2$-12, $2D_3$-13, $A_0$-14, $2\overline{ST}$-15, $V_{CC}$-16 | $\overline{CR}$-1, CP-2, $D_0$-3, $D_1$-4, $D_2$-5, $D_3$-6, $CT_P$-7, GND-8, $\overline{LD}$-9, $CT_T$-10, $Q_3$-11, $Q_2$-12, $Q_1$-13, $Q_0$-14, $C_0$-15, $V_{CC}$-16 |

续表

| 74××193 | 74××194 | LC5011 |
|---|---|---|
| $D_1$─1  16─$V_{CC}$<br>$Q_1$─2  15─$D_0$<br>$Q_0$─3  14─CR<br>$CP_D$─4 (74LS193) 13─$\overline{B_O}$<br>$CU_U$─5  12─$\overline{C_O}$<br>$Q_2$─6  11─$\overline{LD}$<br>$D_3$─7  10─$D_2$<br>GND─8  9─$D_3$ | $\overline{CR}$─1  16─$V_{CC}$<br>$D_{SR}$─2  15─$Q_0$<br>$D_0$─3  14─$Q_1$<br>$D_1$─4 (74LS194) 13─$Q_2$<br>$D_2$─5  12─$Q_3$<br>$D_3$─6  11─CP<br>$D_{SL}$─7  10─$M_1$<br>GND─8  9─$M_0$ | g f com a b<br>10 9 8 7 6<br>(seven-segment display: a, f, b, g, e, c, d, DP)<br>1 2 3 4 5<br>e d com c DP |

| 4511 | GAL16V8 | 555 |
|---|---|---|
| B─1  16─$V_{DD}$<br>C─2  15─f<br>$\overline{LT}$─3  14─g<br>$\overline{BL}$─4 (4511) 13─a<br>LE─5  12─b<br>D─6  11─c<br>A─7  10─d<br>GND─8  9─e | $I_0$/CLK─1  20─$V_{CC}$<br>$I_1$─2  19─I/$O_7$<br>$I_2$─3  18─I/$O_6$<br>$I_3$─4  17─I/$O_5$<br>$I_4$─5 (GAL16V8) 16─I/$O_4$<br>$I_5$─6  15─I/$O_3$<br>$I_6$─7  14─I/$O_2$<br>$I_7$─8  13─I/$O_1$<br>$I_8$─9  12─I/$O_0$<br>GND─10  11─$I_9$/OE | GND─1  8─$V_{CC}$<br>$\overline{TR}$─2 (555) 7─DIS<br>OUT─3  6─TH<br>$\overline{R_D}$─4  5─CON |

# 附录C　常用逻辑门电路新旧逻辑符号对照表

| 名　称 | 曾用符号 | 国外常用符号 | 国际符号 |
|---|---|---|---|
| 与门 | | | &  |
| 或门 | + | | ≥1 |
| 非门 | | | 1 |
| 与非门 | | | & |
| 或非门 | + | | ≥1 |
| 与或非门 | + | | &<br>≥1 |
| 异或门 | ⊕ | | =1 |
| 同或门 | ⊙ | | =1 |
| 传输门 | TG | | & |
| 集电极开路门 | | | & |
| 三态输出门 | | | &<br>EN |

# 附录 D  74 系列数字集成电路表

| 型号 | 类型 | 描述 |
|---|---|---|
| 74LS00 | TTL | 2 输入端四与非门 |
| 74LS01 | TTL | 集电极开路 2 输入端四与非门 |
| 74LS02 | TTL | 2 输入端四或非门 |
| 74LS03 | TTL | 集电极开路 2 输入端四与非门 |
| 74LS04 | TTL | 六反相器 |
| 74LS05 | TTL | 集电极开路六反相器 |
| 74LS06 | TTL | 集电极开路六反相高压驱动器 |
| 74LS07 | TTL | 集电极开路六正相高压驱动器 |
| 74LS08 | TTL | 2 输入端四与门 |
| 74LS09 | TTL | 集电极开路 2 输入端四与门 |
| 74LS10 | TTL | 3 输入端三与非门 |
| 74LS107 | TTL | 带清除主从双 J-K 触发器 |
| 74LS109 | TTL | 带预置清除正触发双 J-K 触发器 |
| 74LS11 | TTL | 3 输入端三与门 |
| 74LS112 | TTL | 带预置清除负触发双 J-K 触发器 |
| 74LS12 | TTL | 开路输出 3 输入端三与非门 |
| 74LS121 | TTL | 单稳态多谐振荡器 |
| 74LS122 | TTL | 可再触发单稳态多谐振荡器 |
| 74LS123 | TTL | 双可再触发单稳态多谐振荡器 |
| 74LS125 | TTL | 三态输出高有效四总线缓冲门 |
| 74LS126 | TTL | 三态输出低有效四总线缓冲门 |
| 74LS13 | TTL | 4 输入端双与非施密特触发器 |
| 74LS132 | TTL | 2 输入端四与非施密特触发器 |
| 74LS133 | TTL | 13 输入端与非门 |
| 74LS136 | TTL | 四异或门 |
| 74LS138 | TTL | 3-8 线译码器/复工器 |
| 74LS139 | TTL | 双 2-4 线译码器/复工器 |
| 74LS14 | TTL | 六反相施密特触发器 |
| 74LS145 | TTL | BCD-十进制译码/驱动器 |
| 74LS15 | TTL | 开路输出 3 输入端三与门 |
| 74LS150 | TTL | 16 选 1 数据选择/多路开关 |
| 74LS151 | TTL | 8 选 1 数据选择器 |
| 74LS153 | TTL | 双 4 选 1 数据选择器 |
| 74LS154 | TTL | 4-16 线译码器 |
| 74LS155 | TTL | 图腾柱输出译码器/分配器 |

## 附录D　74系列数字集成电路表

| | | |
|---|---|---|
| 74LS156 | TTL | 开路输出译码器/分配器 |
| 74LS157 | TTL | 同相输出四2选1数据选择器 |
| 74LS158 | TTL | 反相输出四2选1数据选择器 |
| 74LS16 | TTL | 开路输出六反相缓冲/驱动器 |
| 74LS160 | TTL | 可预置BCD异步清除计数器 |
| 74LS161 | TTL | 可预制四位二进制异步清除计数器 |
| 74LS162 | TTL | 可预置BCD同步清除计数器 |
| 74LS163 | TTL | 可预制四位二进制同步清除计数器 |
| 74LS164 | TTL | 8位串行入/并行输出移位寄存器 |
| 74LS165 | TTL | 8位并行入/串行输出移位寄存器 |
| 74LS166 | TTL | 8位并入/串出移位寄存器 |
| 74LS169 | TTL | 二进制4位加/减同步计数器 |
| 74LS17 | TTL | 开路输出六同相缓冲/驱动器 |
| 74LS170 | TTL | 开路输出4×4寄存器堆 |
| 74LS173 | TTL | 三态输出4位D型寄存器 |
| 74LS174 | TTL | 带公共时钟和复位六D触发器 |
| 74LS175 | TTL | 带公共时钟和复位四D触发器 |
| 74LS180 | TTL | 9位奇数/偶数发生器/校验器 |
| 74LS181 | TTL | 算术逻辑单元/函数发生器 |
| 74LS185 | TTL | 二进制-BCD代码转换器 |
| 74LS190 | TTL | BCD同步加/减计数器 |
| 74LS191 | TTL | 二进制同步可逆计数器 |
| 74LS192 | TTL | 可预置BCD双时钟可逆计数器 |
| 74LS193 | TTL | 可预置4位二进制双时钟可逆计数器 |
| 74LS194 | TTL | 4位双向通用移位寄存器 |
| 74LS195 | TTL | 4位并行通道移位寄存器 |
| 74LS196 | TTL | 十进制/二-十进制可预置计数锁存器 |
| 74LS197 | TTL | 二进制可预置锁存器/计数器 |
| 74LS20 | TTL | 4输入端双与非门 |
| 74LS21 | TTL | 4输入端双与门 |
| 74LS22 | TTL | 开路输出4输入端双与非门 |
| 74LS221 | TTL | 双/单稳态多谐振荡器 |
| 74LS240 | TTL | 八反相三态缓冲器/线驱动器 |
| 74LS241 | TTL | 八同相三态缓冲器/线驱动器 |
| 74LS243 | TTL | 四同相三态总线收发器 |
| 74LS244 | TTL | 八同相三态缓冲器/线驱动器 |
| 74LS245 | TTL | 八同相三态总线收发器 |
| 74LS247 | TTL | BCD-7段15V输出译码/驱动器 |
| 74LS248 | TTL | BCD-7段译码/升压输出驱动器 |

| | | |
|---|---|---|
| 74LS249 | TTL | BCD-7段译码/开路输出驱动器 |
| 74LS251 | TTL | 三态输出8选1数据选择器/复工器 |
| 74LS253 | TTL | 三态输出双4选1数据选择器/复工器 |
| 74LS256 | TTL | 双四位可寻址锁存器 |
| 74LS257 | TTL | 三态原码四2选1数据选择器/复工器 |
| 74LS258 | TTL | 三态反码四2选1数据选择器/复工器 |
| 74LS259 | TTL | 8位可寻址锁存器/3-8线译码器 |
| 74LS26 | TTL | 2输入端高压接口四与非门 |
| 74LS260 | TTL | 5输入端双或非门 |
| 74LS266 | TTL | 2输入端四异或非门 |
| 74LS27 | TTL | 3输入端三或非门 |
| 74LS273 | TTL | 带公共时钟复位八D触发器 |
| 74LS279 | TTL | 四图腾柱输出S-R锁存器 |
| 74LS28 | TTL | 2输入端四或非门缓冲器 |
| 74LS283 | TTL | 4位二进制全加器 |
| 74LS290 | TTL | 二/五分频十进制计数器 |
| 74LS293 | TTL | 二/八分频四位二进制计数器 |
| 74LS295 | TTL | 4位双向通用移位寄存器 |
| 74LS298 | TTL | 四2输入多路带存储开关 |
| 74LS299 | TTL | 三态输出8位通用移位寄存器 |
| 74LS30 | TTL | 8输入端与非门 |
| 74LS32 | TTL | 2输入端四或门 |
| 74LS322 | TTL | 带符号扩展端8位移位寄存器 |
| 74LS323 | TTL | 三态输出8位双向移位/存储寄存器 |
| 74LS33 | TTL | 开路输出2输入端四或非缓冲器 |
| 74LS347 | TTL | BCD-7段译码器/驱动器 |
| 74LS352 | TTL | 双4选1数据选择器/复工器 |
| 74LS353 | TTL | 三态输出双4选1数据选择器/复工器 |
| 74LS365 | TTL | 门使能输入三态输出六同相线驱动器 |
| 74LS366 | TTL | 门使能输入三态输出六反相线驱动器 |
| 74LS367 | TTL | 4/2线使能输入三态六同相线驱动器 |
| 74LS368 | TTL | 4/2线使能输入三态六反相线驱动器 |
| 74LS37 | TTL | 开路输出2输入端四与非缓冲器 |
| 74LS373 | TTL | 三态同相八D锁存器 |
| 74LS374 | TTL | 三态反相八D锁存器 |
| 74LS375 | TTL | 4位双稳态锁存器 |
| 74LS377 | TTL | 单边输出公共使能八D锁存器 |
| 74LS378 | TTL | 单边输出公共使能六D锁存器 |
| 74LS379 | TTL | 双边输出公共使能四D锁存器 |

| 型号 | 类型 | 描述 |
|---|---|---|
| 74LS38 | TTL | 开路输出 2 输入端四与非缓冲器 |
| 74LS380 | TTL | 多功能八进制寄存器 |
| 74LS39 | TTL | 开路输出 2 输入端四与非缓冲器 |
| 74LS390 | TTL | 双十进制计数器 |
| 74LS393 | TTL | 双四位二进制计数器 |
| 74LS40 | TTL | 4 输入端双与非缓冲器 |
| 74LS42 | TTL | BCD-十进制代码转换器 |
| 74LS352 | TTL | 双 4 选 1 数据选择器/复工器 |
| 74LS353 | TTL | 三态输出双 4 选 1 数据选择器/复工器 |
| 74LS365 | TTL | 门使能输入三态输出六同相线驱动器 |
| 74LS366 | TTL | 门使能输入三态输出六反相线驱动器 |
| 74LS367 | TTL | 4/2 线使能输入三态六同相线驱动器 |
| 74LS368 | TTL | 4/2 线使能输入三态六反相线驱动器 |
| 74LS37 | TTL | 开路输出 2 输入端四与非缓冲器 |
| 74LS373 | TTL | 三态同相八 D 锁存器 |
| 74LS374 | TTL | 三态反相八 D 锁存器 |
| 74LS375 | TTL | 4 位双稳态锁存器 |
| 74LS377 | TTL | 单边输出公共使能八 D 锁存器 |
| 74LS378 | TTL | 单边输出公共使能六 D 锁存器 |
| 74LS379 | TTL | 双边输出公共使能四 D 锁存器 |
| 74LS38 | TTL | 开路输出 2 输入端四与非缓冲器 |
| 74LS380 | TTL | 多功能八进制寄存器 |
| 74LS39 | TTL | 开路输出 2 输入端四与非缓冲器 |
| 74LS390 | TTL | 双十进制计数器 |
| 74LS393 | TTL | 双 4 位二进制计数器 |
| 74LS40 | TTL | 4 输入端双与非缓冲器 |
| 74LS42 | TTL | BCD-十进制代码转换器 |
| 74LS447 | TTL | BCD-7 段译码器/驱动器 |
| 74LS45 | TTL | BCD-十进制代码转换/驱动器 |
| 74LS450 | TTL | 16∶1 多路转接复用器多工器 |
| 74LS451 | TTL | 双 8∶1 多路转接复用器多工器 |
| 74LS453 | TTL | 四 4∶1 多路转接复用器多工器 |
| 74LS46 | TTL | BCD-7 段低有效译码/驱动器 |
| 74LS460 | TTL | 10 位比较器 |
| 74LS461 | TTL | 八进制计数器 |
| 74LS465 | TTL | 三态同相 2 与使能端八总线缓冲器 |
| 74LS466 | TTL | 三态反相 2 与使能八总线缓冲器 |
| 74LS467 | TTL | 三态同相 2 使能端八总线缓冲器 |
| 74LS468 | TTL | 三态反相 2 使能端八总线缓冲器 |

| | | |
|---|---|---|
| 74LS469 | TTL | 8位双向计数器 |
| 74LS47 | TTL | BCD-7段高有效译码/驱动器 |
| 74LS48 | TTL | BCD-7段译码器/内部上拉输出驱动 |
| 74LS490 | TTL | 双十进制计数器 |
| 74LS491 | TTL | 10位计数器 |
| 74LS498 | TTL | 八进制移位寄存器 |
| 74LS50 | TTL | 2-3/2-2输入端双与或非门 |
| 74LS502 | TTL | 8位逐次逼近寄存器 |
| 74LS51 | TTL | 2-3/2-2输入端双与或非门 |
| 74LS533 | TTL | 三态反相八D锁存器 |
| 74LS534 | TTL | 三态反相八D锁存器 |
| 74LS54 | TTL | 四路输入与或非门 |
| 74LS540 | TTL | 八位三态反相输出总线缓冲器 |
| 74LS55 | TTL | 4输入端二路输入与或非门 |
| 74LS563 | TTL | 8位三态反相输出触发器 |
| 74LS564 | TTL | 8位三态反相输出D触发器 |
| 74LS573 | TTL | 8位三态输出触发器 |
| 74LS574 | TTL | 8位三态输出D触发器 |
| 74LS645 | TTL | 三态输出八同相总线传送接收器 |
| 74LS670 | TTL | 三态输出4×4寄存器堆 |
| 74LS73 | TTL | 带清除负触发双J-K触发器 |
| 74LS74 | TTL | 带置位复位正触发双D触发器 |
| 74LS76 | TTL | 带预置清除双J-K触发器 |
| 74LS83 | TTL | 4位二进制快速进位全加器 |
| 74LS85 | TTL | 4位数字比较器 |
| 74LS86 | TTL | 2输入端四异或门 |
| 74LS90 | TTL | 可二/五分频十进制计数器 |
| 74LS93 | TTL | 可二/八分频二进制计数器 |
| 74LS95 | TTL | 四位并行输入/输出移位寄存器 |
| 74LS97 | TTL | 6位同步二进制乘法器 |

# 附录 E　CMOS4000 系列数字集成电路表

| 型号 | 功能描述 |
|---|---|
| CD4000 | 双 3 输入端或非门+单非门　TI |
| CD4001 | 四 2 输入端或非门　HIT/NSC/TI/GOL |
| CD4002 | 双 4 输入端或非门　NSC |
| CD4006 | 18 位串入/串出移位寄存器　NSC |
| CD4007 | 双互补对+反相器　NSC |
| CD4008 | 4 位超前进位全加器　NSC |
| CD4009 | 六反相缓冲/变换器　NSC |
| CD4010 | 六同相缓冲/变换器　NSC |
| CD4011 | 四 2 输入端与非门　HIT/TI |
| CD4012 | 双 4 输入端与非门　NSC |
| CD4013 | 双主-从 D 型触发器　FSC/NSC/TOS |
| CD4014 | 8 位串入/并入-串出移位寄存器　NSC |
| CD4015 | 双 4 位串入/并出移位寄存器　TI |
| CD4016 | 四传输门　FSC/TI |
| CD4017 | 十进制计数/分配器　FSC/TI/MOT |
| CD4018 | 可预制 1/N 计数器　NSC/MOT |
| CD4019 | 四与或选择器　PHI |
| CD4020 | 14 级串行二进制计数/分频器　FSC |
| CD4021 | 8 位串入/并入-串出移位寄存器　PHI/NSC |
| CD4022 | 八进制计数/分配器　NSC/MOT |
| CD4023 | 三 3 输入端与非门　NSC/MOT/TI |
| CD4024 | 7 级二进制串行计数/分频器　NSC/MOT/TI |
| CD4025 | 三 3 输入端或非门　NSC/MOT/TI |
| CD4026 | 十进制计数/7 段译码器　NSC/MOT/TI |
| CD4027 | 双 J-K 触发器　NSC/MOT/TI |
| CD4028 | BCD 码十进制译码器　NSC/MOT/TI |
| CD4029 | 可预置可逆计数器　NSC/MOT/TI |
| CD4030 | 四异或门　NSC/MOT/TI/GOL |
| CD4031 | 64 位串入/串出移位存储器　NSC/MOT/TI |
| CD4032 | 三串行加法器　NSC/TI |
| CD4033 | 十进制计数/7 段译码器　NSC/TI |
| CD4034 | 8 位通用总线寄存器　NSC/MOT/TI |
| CD4035 | 4 位并入/串入-并出/串出移位寄存　NSC/MOT/TI |
| CD4038 | 三串行加法器　NSC/TI |
| CD4040 | 12 级二进制串行计数/分频器　NSC/MOT/TI |

| 型号 | 描述 |
|---|---|
| CD4041 | 四同相/反相缓冲器 NSC/MOT/TI |
| CD4042 | 四锁存 D 型触发器 NSC/MOT/TI |
| CD4043 | 四三态 R-S 锁存触发器（"1"触发）NSC/MOT/TI |
| CD4044 | 四三态 R-S 锁存触发器（"0"触发）NSC/MOT/TI |
| CD4046 | 锁相环 NSC/MOT/TI/PHI |
| CD4047 | 无稳态/单稳态多谐振荡器 NSC/MOT/TI |
| CD4048 | 4 输入端可扩展多功能门 NSC/HIT/TI |
| CD4049 | 六反相缓冲/变换器 NSC/HIT/TI |
| CD4050 | 六同相缓冲/变换器 NSC/MOT/TI |
| CD4051 | 8 选 1 模拟开关 NSC/MOT/TI |
| CD4052 | 双 4 选 1 模拟开关 NSC/MOT/TI |
| CD4053 | 三组二路模拟开关 NSC/MOT/TI |
| CD4054 | 液晶显示驱动器 NSC/HIT/TI |
| CD4055 | BCD-7 段译码/液晶驱动器 NSC/HIT/TI |
| CD4056 | 液晶显示驱动器 NSC/HIT/TI |
| CD4059 | "N"分频计数器 NSC/TI |
| CD4060 | 14 级二进制串行计数/分频器 NSC/TI/MOT |
| CD4063 | 4 位数字比较器 NSC/HIT/TI |
| CD4066 | 四传输门 NSC/TI/MOT |
| CD4067 | 16 选 1 模拟开关 NSC/TI |
| CD4068 | 8 输入端与非门/与门 NSC/HIT/TI |
| CD4069 | 六反相器 NSC/HIT/TI |
| CD4070 | 四异或门 NSC/HIT/TI |
| CD4071 | 四 2 输入端或门 NSC/TI |
| CD4072 | 双 4 输入端或门 NSC/TI |
| CD4073 | 三 3 输入端与门 NSC/TI |
| CD4075 | 三 3 输入端或门 NSC/TI |
| CD4076 | 四 D 寄存器 |
| CD4077 | 四 2 输入端异或非门 HIT |
| CD4078 | 8 输入端或非门/或门 |
| CD4081 | 四 2 输入端与门 NSC/HIT/TI |
| CD4082 | 双 4 输入端与门 NSC/HIT/TI |
| CD4085 | 双 2 路 2 输入端与或非门 |
| CD4086 | 四 2 输入端可扩展与或非门 |
| CD4089 | 二进制比例乘法器 |
| CD4093 | 四 2 输入端施密特触发器 NSC/MOT/ST |
| CD4094 | 8 位移位存储总线寄存器 NSC/TI/PHI |
| CD4095 | 3 输入端 J-K 触发器（相同 J-K 输入端） |
| CD4096 | 3 输入端 J-K 触发器（相反和相同 J-K 输入端） |

| | |
|---|---|
| CD4097 | 双路 8 选 1 模拟开关 |
| CD4098 | 双单稳态触发器 NSC/MOT/TI |
| CD4099 | 8 位可寻址锁存器 NSC/MOT/ST |
| CD40100 | 32 位左/右移位寄存器 |
| CD40101 | 9 位奇偶较验器 |
| CD40102 | 8 位可预置同步 BCD 减法计数器 |
| CD40103 | 8 位可预置同步二进制减法计数器 |
| CD40104 | 4 位双向移位寄存器 |
| CD40105 | 先入先出 FI-FD 寄存器 |
| CD40106 | 六施密特触发器 NSC/TI |
| CD40107 | 双 2 输入端与非缓冲/驱动器 HAR/TI |
| CD40108 | 4×4 多通道寄存器 |
| CD40109 | 四低-高电平位移器 |
| CD40110 | 十进制加/减、计数、锁存、译码驱动 ST |
| CD40147 | 10-4 线编码器 NSC/MOT |
| CD40160 | 可预置 BCD 加计数器 NSC/MOT |
| CD40161 | 可预置 4 位二进制加计数器 NSC/MOT |
| CD40162 | BCD 加法计数器 NSC/MOT |
| CD40163 | 4 位二进制同步计数器 NSC/MOT |
| CD40174 | 六锁存 D 型触发器 NSC/TI/MOT |
| CD40175 | 四 D 型触发器 NSC/TI/MOT |
| CD40181 | 4 位算术逻辑单元/函数发生器 |
| CD40182 | 超前位发生器 |
| CD40192 | 可预置 BCD 加/减计数器（双时钟）NSC/TI |
| CD40193 | 可预置 4 位二进制加/减计数器 NSC/TI |
| CD40194 | 4 位并入/串入-并出/串出移位寄存 NSC/MOT |
| CD40208 | 4×4 多端口寄存器 |
| CD4501 | 4 输入端双与门及 2 输入端或非门 |
| CD4502 | 可选通三态输出六反相/缓冲器 |
| CD4503 | 六同相三态缓冲器 |
| CD4504 | 六电压转换器 |
| CD4506 | 双二组 2 输入可扩展或非门 |
| CD4508 | 双 4 位锁存 D 型触发器 |
| CD4510 | 可预置 BCD 码加/减计数器 |
| CD4511 | BCD 锁存、7 段译码、驱动器 |
| CD4512 | 八路数据选择器 |
| CD4513 | BCD 锁存、7 段译码、驱动器（自行消隐无效零） |
| CD4514 | 4 位锁存、4-16 线译码器（输出"1"） |
| CD4515 | 4 位锁存、4-16 线译码器（输出"0"） |

| | |
|---|---|
| CD4516 | 可预置4位二进制加/减计数器 |
| CD4517 | 双64位静态移位寄存器 |
| CD4518 | 双BCD同步加计数器 |
| CD4519 | 4位与或选择器 |
| CD4520 | 双4位二进制同步加计数器 |
| CD4521 | 24级分频器 |
| CD4522 | 可预置BCD同步1/N计数器 |
| CD4526 | 可预置4位二进制同步1/N计数器 |
| CD4527 | BCD比例乘法器 |
| CD4528 | 双单稳态触发器 |
| CD4529 | 双四路/单八路模拟开关 |
| CD4530 | 双5输入端优势逻辑门 |
| CD4531 | 12位奇偶校验器 |
| CD4532 | 8位优先编码器 |
| CD4536 | 可编程定时器 |
| CD4538 | 精密双单稳 |
| CD4539 | 双四路数据选择器 |
| CD4541 | 可编程序振荡/计时器 |
| CD4543 | BCD七段锁存译码、驱动器 |
| CD4544 | BCD七段锁存译码、驱动器（自行消隐无效零） |
| CD4547 | BCD七段译码/大电流驱动器 |
| CD4549 | 函数近似寄存器 |
| CD4551 | 四2通道模拟开关 |
| CD4553 | 3位BCD计数器 |
| CD4555 | 双二进制4选1译码器/分离器（输出"1"） |
| CD4556 | 双二进制4选1译码器/分离器（输出"0"） |
| CD4558 | BCD八段译码器 |
| CD4560 | "N"BCD加法器 |
| CD4561 | "9"求补器 |
| CD4573 | 四可编程运算放大器 |
| CD4574 | 四可编程电压比较器 |
| CD4575 | 双可编程运放/比较器 |
| CD4583 | 双施密特触发器 |
| CD4584 | 六施密特触发器 |
| CD4585 | 4位数值比较器 |
| CD4599 | 8位可寻址锁存器 |

# 参考文献

[1] 阎石. 数字电子技术基础. 北京：高等教育出版社, 1998.

[2] 刘守义. 数字电子技术. 西安：西安电子科技大学出版社, 2007.

[3] 李玲. 数字逻辑电路测试与设计. 北京：机械工业出版社, 2009.

[4] 杨志忠. 数字电子技术. 北京：高等教育出版社, 2003.

[5] 扬学敏, 刘继承. 数字逻辑技术基础. 北京：机械工业出版社, 2004.

[6] 陈松. 数字逻辑电路. 南京：东南大学出版社, 2002.

[7] 冯根生. 数字电子技术. 合肥：中国科学技术出版社, 1999.

[8] 陈立万, 潭进怀. 脉冲与数字电路实验. 北京：中国物资出版社, 2004.

[9] 黄正瑾等. CPLD 系统设计技术入门与应用. 北京：电子工业出版社, 2003.

[10] 王道宪. CPLD / FPGA 可编程逻辑器件应用与开发. 北京：国防工业出版社, 2004.

[11] 徐志军. CPLD / FPGA 的开发与应用. 北京：电子工业出版社, 2002.

[12] Altera. Altera Digtal library 2000. Altera . 2000.

[13] Xilinx. The Spartan-II Family Data Sheet. San Jose USA. Xilinx. 2000.

# 反侵权盗版声明

电子工业出版社依法对本作品享有专有出版权。任何未经权利人书面许可，复制、销售或通过信息网络传播本作品的行为，歪曲、篡改、剽窃本作品的行为，均违反《中华人民共和国著作权法》，其行为人应承担相应的民事责任和行政责任，构成犯罪的，将被依法追究刑事责任。

为了维护市场秩序，保护权利人的合法权益，我社将依法查处和打击侵权盗版的单位和个人。欢迎社会各界人士积极举报侵权盗版行为，本社将奖励举报有功人员，并保证举报人的信息不被泄露。

举报电话：（010）88254396；（010）88258888
传　　真：（010）88254397
E-mail：　dbqq@phei.com.cn
通信地址：北京市海淀区万寿路 173 信箱
　　　　　电子工业出版社总编办公室
邮　　编：100036